国家出版基金项目
NATIONAL PUBLICATION FOUNDATION

[青少年太空探索科普丛书·第2辑]

SCIENCE SERIES IN SPACE EXPLORATION FOR TEENAGERS

太空探索再出发　引领读者畅游浩瀚宇宙

太空旅游

焦维新○著

辽宁人民出版社 ｜ 辽宁电子出版社

图书在版编目（CIP）数据

太空旅游 / 焦维新著 . —沈阳 : 辽宁人民出版社 ,2021.6（2022.1 重印）

（青少年太空探索科普丛书 . 第 2 辑）

ISBN 978-7-205-10189-3

Ⅰ . ①太… Ⅱ . ①焦… Ⅲ . ①宇宙—旅游—青少年读物 Ⅳ . ① P159-49

中国版本图书馆 CIP 数据核字（2021）第 091943 号

出　　版：辽宁人民出版社　辽宁电子出版社
发　　行：辽宁人民出版社
　　　　　　地址：沈阳市和平区十一纬路 25 号　邮编：110003
　　　　　　电话：024-23284321（邮　购）　024-23284324（发行部）
　　　　　　传真：024-23284191（发行部）　024-23284304（办公室）
　　　　　　http://www.lnpph.com.cn
印　　刷：北京长宁印刷有限公司天津分公司
幅面尺寸：185mm×260mm
印　　张：9.75
字　　数：149 千字
出版时间：2021 年 6 月第 1 版
印刷时间：2022 年 1 月第 2 次印刷
责任编辑：高　丹
装帧设计：丁末末
责任校对：郑　佳
书　　号：ISBN 978-7-205-10189-3

定　　价：59.80 元

前言
PREFACE
——

2015 年，知识产权出版社出版了我所著的《青少年太空探索科普丛书》（第 1 辑），这套书受到了读者的好评。为满足读者的需要，出版社多次加印。其中《月球文化与月球探测》荣获科技部全国优秀科普作品奖；《揭开金星神秘的面纱》荣获第四届"中国科普作家协会优秀科普作品银奖"；《北斗卫星导航系统》入选中共中央宣传部主办、中国国家博物馆承办的"书影中的 70 年——新中国图书版本展"。从出版发行量和获奖的情况看，这套丛书是得到社会认可的，这也激励我进一步充实内容，描述更广阔的太空。因此，不久就开始酝酿写作第 2 辑。

在创作《青少年太空探索科普丛书》（第 2 辑）时，我遵循这三个原则：原创性、科学性与可读性。

当前，社会上呈现的科普书数量不断增加，作为一名学者，怎样在所著的科普书中显示出自己的特点？我觉得最重要的一条是要突出原创性，写出来的书无论是选材、形式和语言，都要有自己的风格。如在《话说小行星》中，将多种图片加工组合，使读者对小行星的类型和特点有清晰的认识；在《水星奥秘 100 问》中，对大多数图片进行了艺术加工，使乏味的陨石坑等地貌特征变得生动有趣；在关于战争题材的书中，则从大量信息中梳理出一条条线索，使读者清晰地了解太空战和信息战是由哪些方面构成的，美国在太空战和信息战方面做了哪些准备，这样就使读者对这两种形式战争的来龙去脉有了清楚的了解。

教书育人是教师的根本任务，科学性和严谨性是对教师的基本要求。如果拿不严谨的知识去教育学生，那是误人子弟。学校教育是这样，搞科普宣传也

是这样。因此，对于所有的知识点，我都以学术期刊和官方网站为依据。

图书的可读性涉及该书阅读和欣赏的价值以及内容吸引人的程度。可读性高的科普书，应具备内容丰富、语言生动、图文并茂、引人入胜等特点；虽没有小说动人的情节，但有使人渴望了解的知识；虽没有章回小说的悬念，但有吸引读者深入了解后续知识的感染力。要达到上述要求，就需要在选材上下功夫，在语言上下功夫，在图文匹配上下功夫。具体来说做了以下努力。

1. 书中含有大量高清晰度图片，许多图片经过自己用专业绘图软件进行处理，艺术质量高，增强了丛书的感染力和可读性。

2. 为了增加趣味性，在一些书的图片下加了作者创作的科普诗，可加深读者对图片内涵的理解。

3. 在文字方面，每册书有自己的风格，如《话说小行星》和《水星奥秘100问》的标题采用七言诗的形式，读者一看目录便有一种新鲜感。

4. 科学与艺术相结合。水星上的一些特征结构以各国的艺术家命名。在介绍这些特殊结构时也简单地介绍了该艺术家，并在相应的图片旁附上艺术家的照片或代表作。

5. 为了增加趣味性，在《冥王星的故事》一书中，设置专门章节，数字化冥王星，如十大发现、十件酷事、十佳图片、四十个趣事。

6. 人类探索太空的路从来都不是一帆风顺的，有成就，也有挫折。本丛书既谈成就，也正视失误，告诉读者成就来之不易，在看到今天的成就时，不要忘记为此付出牺牲的人们。如在《星际航行》的运载火箭部分，专门加入了"运载火箭爆炸事故"一节。

十本书的文字都是经过我的夫人刘月兰副研究馆员仔细推敲的，这个工作量相当大，夫人可以说是本书的共同作者。

在全套书内容的选择上，主要考虑的是在第1辑中没有包括的一些太阳系天体，而这些天体有些是人类的航天器刚刚探测过的，有许多新发现，如冥王星和水星。有些是我国正计划要开展探测的，如小行星和彗星。还有一些是太阳系富含水的天体，这是许多人不甚了解的。第二方面的考虑是航天技术商业化的一个重要方向——太空旅游。随着人们生活水平的提高，旅游已经成为日常生活必不可少的活动。神奇的太空能否成为旅游目的地，这是人们比较关心

的问题。由于太空游费用昂贵，目前只有少数人能够圆梦，但通过阅读本书，人们可以学到许多太空知识，了解太空旅游的发展方向。另外，太空旅游的方式也比较多，费用相差也比较大，人们可以根据自己的经济实力，选择适合自己的方式。第三方面，在国内外科幻电影的影响下，许多人开始关注星际航行的问题。不载人的行星际航行早已实现，人类的探测器什么时候能进行超光速飞行，进入恒星际空间，这个话题也开始引起人们的关注。《星际航行》就是满足这些读者的需要而撰写的。第四方面是直接与现代战争有关的题材，如太空战、信息战、现代战争与空间天气。现代战争是人们比较关心的话题，但目前在我国的图书市场上，译著和专著较多，很少看到图文并茂的科普书。这三本书则是为了满足军迷们的需要，阅读了美国军方的大量文件后书写完成。

《青少年太空探索科普丛书》（第 2 辑）的内容广泛，涉及多个学科。限于作者的学识，书中难免出现不当之处，希望读者提出批评指正。

本套图书获得国家出版基金资助。在立项申请时，中国空间科学学会理事长吴季研究员、北京大学地球与空间科学学院空间物理与应用技术研究所所长宗秋刚教授为此书写了推荐信。再次向两位专家表示衷心的感谢。

焦维新

2020 年 10 月

目录
CONTENTS

第 1 章

旅游漫谈

本书中，我们将从地面出发，先后经历失重飞机旅行，乘坐高空气球俯瞰蓝色地球，亚轨道旅游，轨道旅游，最后来到月球，开启月球之旅。本书详细介绍了太空旅游的各种形式和不同特点，让我们在这些形式丰富的太空探索中，感受"旅游"的乐趣。

 # 旅游给人们带来的乐趣

说起旅游，自古以来就受到人们的重视，古人曾写下很多美好的诗歌。如沈约就曾写道：

> 旅游媚年春，年春媚游人。
> 徐光旦垂彩，和露晓凝津。
> 时嘤起稚叶，蕙气动初苹。
> 一朝阻旧国，万里隔良辰。

这首诗的意思是：行客留恋春天的美景，春景也在取悦着游人。早晨散开的阳光垂下霞彩，晨露在津渡旁凝结。嫩叶间不时传来鸟鸣声，带着兰花香气的风吹动着水面的浮萍。可是我正远离故国，在这美好的时节里与它相隔万里啊。这首诗既描述了美景，也抒发了诗人的感情。

改革开放以来，我国在经济方面取得了巨大成就，人们的生活水平提高了，在经济上具备了旅游的条件。更重要的是，人们的观念发生了很大变化。旅游已经成为国民经济发展的一个重要产业，我们可以尽情饱览祖国的大好河山。

当前，人们旅游的主题也多种多样，如红色旅游、老同学聚会旅游、全家度假旅游，还有为青少年举办的各种专题旅游等。随着人们生活水平的提高，目前境外游已经成为常态，每逢春节或国庆长假，到国外和境外旅游的越来越多。那么，你想过到太空旅游吗？

笔者微信的昵称是"太空导游"，这个称呼不是自己起的，而是北京大学的学生给我起的。我曾在北京大学为学生开设了一门通选课，叫作"太空探索"，学生在对这门课进行评估时，一些同学写道："您就像一名太空导游，把我们带到浩瀚的宇宙，使我们深入了解了浩瀚太空的奥秘。"这次，我就再当一次太空导游，带领读者遨游太空。

▲ 神奇瑰丽的太空（艺术想象图）

太空旅游不是梦

说起太空旅游，我们先弄清一个问题：什么是太空？

从大气科学的角度看，人们通常把地球的大气层划分为五层，简称五层楼结构，即对流层、平流层、中间层、热层和外层。

外层空间 | 热 层 | 外层 | 电离层
中间层 | 臭氧层
平流层
对流层

500千米 | 80千米 | 50千米 | 7~16千米

▲ 大气层分层

如果从航空与航天的角度划分，在距离地球表面 100 千米的高度称为卡门线，这是航空与航天的分界线。在这个高度以上是航天器飞行的区域，在这个高度以下是航空器飞行的高度。按这个划分，大体上把 100 千米以上的空间区域称为太空。

与太空旅游有关的另一个区域是临近空间，高度在 20~100 千米之间。在这个空间范围内，飞机达不到这个高度，而航天器也不会飞如此低的高度。

从太空旅游的角度看，飞行高度不限于 100 千米以上。在这个高度以下，虽然不能称为太空，但可以用飞机作特技飞行，模拟微重力环境。这种方式一般也纳入太空旅游的范畴。

有一种飞行器，可以飞到卡门线附近，然后再返回地球表面，这种飞行称

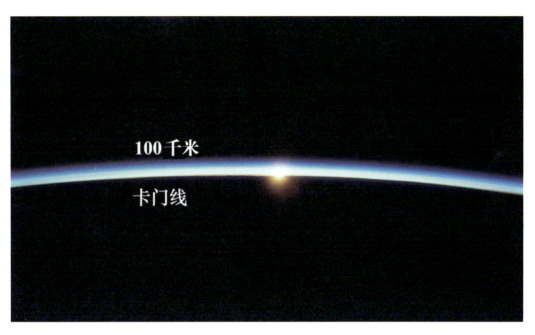

▲ 卡门线

为亚轨道飞行，利用这种方式进行的旅游称为亚轨道旅游。

近些年，高空气球技术发展很快，可以接近卡门线。国内外一些部门也准备以高空气球为工具，把乘客送到接近卡门线的高度，这种旅游方式也被纳入太空旅游的范围。

最正规的太空旅游方式是轨道旅游，也就是说，乘客是乘载人飞船或空间站环绕地球飞行。目前国际上已经有几位亿万富翁乘俄罗斯联盟飞船，到达国际空间站，实现了轨道旅游。目前，有的公司正计划发射专门用于太空旅游的空间站，这种空间站是可充气式的，可以大大降低建造成本，以便使更多的人实现轨道旅游的梦想。

现在，国际上有些公司正在酝酿月球旅行。这种旅行有两种方式，或者说划分为两个阶段。第一阶段是环月旅行，乘客可乘坐载人飞船飞到环绕月球的轨道上，但不登陆月球表面。第二阶段是在人类建立月球基地以后，实现月球旅行。

以上介绍的就是太空旅游的主要方式，也是本书将要详细介绍的内容。

 # 微重力是如何产生的？

到太空旅行，必须解决微重力问题，微重力是如何产生的呢？概括起来说，产生微重力主要有四种方法：落塔、飞机作抛物线飞行、亚轨道飞行和航天器作轨道运动。

▶ 落塔

落塔是在地面产生微重力环境的一种方法。与其他方法相比，落塔（井）虽然有微重力时间较短的不足之处，但是却具有微重力水平高、费用低、实验机会多、使用频率高（每天两次或更多次实验）、能够使用较精密的测量仪器、便于人为干预等明显的优点，落塔是进行微重力科学实验的最主要的设施。

美国、日本、德国、中国等多个国家根据空间基础交叉科学研究的需要，陆续建成了超过百米高的地基微重力实验设施。其中美国 Lewis 研究中心、日本微重力研究所为落井实验设施；中国科学院力学研究所落塔是继德国不莱梅落塔之后世界上第二座在地面上建成的超百米落塔，于 2000 年建成。落塔可进行流体物理、非金属材料燃烧、液体管理等微重力实验研究，为航天器载荷搭载实验及防火技术预研提供便利的实验手段。此外，在落塔进行固体

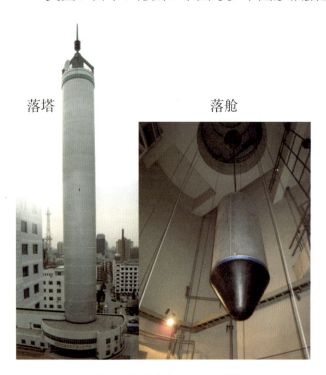

落塔　　　　　　落舱

▲ 中国科学院力学研究所的落塔

微细颗粒流型实验研究，以及某些高精度微重力感应仪器研制试验，其结果对空间科技发展具有重要的参考价值。在某种程度上，中国科学院力学研究所落塔标志着我国在微重力科学和应用领域的发展水平。

▶ 飞机作抛物线飞行

如果你乘坐飞机旅行，乘务员会经常提醒你，请系好安全带，防止飞机在遇到扰动气流时受到危害。飞机在作抛物线飞行时，多次向上加速和向下俯冲，就可以产生微重力，让乘客体验在微重力环境下独特的感受。

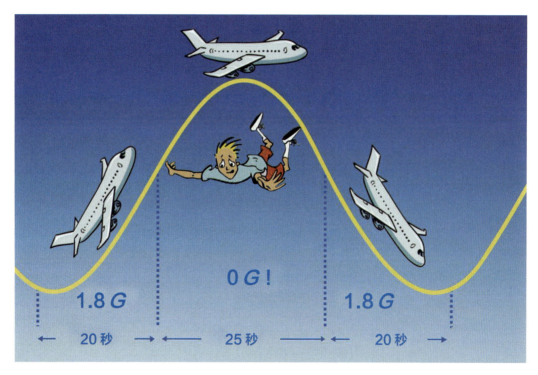

▲ 飞机作抛物线飞行

▶ 航天器作轨道运动

当航天器（卫星、载人飞船、空间站）围绕地球作圆周运动时，航天器内部即是微重力环境。这种微重力环境的特点是维持时间长，只要航天器作轨道运动，里面就一直是微重力环境。

38 万千米

● **月球旅行**

月球距离地球 38 万千米。1969 年 7 月 21 日,阿姆斯特朗成为第一位踏上月球的人类。阿波罗计划先后 6 次,将 12 名航天员送上月球。在不久的将来,月球将成为人类探索更远天体的基地和中转站。

400 千米左右

● **轨道旅行**

轨道旅行指航天器可以在至少一个轨道上停留在太空中。科学卫星一般在 200 千米以上。载人航天器的轨道一般在 300 千米以上,如国际空间站在 400 千米,航天飞机在 320 千米。

100 千米

● **亚轨道旅行**

亚轨道飞行是指进入了太空,但因其速度没有达到第一宇宙速度,所以不能环绕地球飞行,到达最高点后就逐渐下降,重返大气层并回到地面。亚轨道飞行的高度一般在 100 千米左右。

40 千米

● **热气球旅游**

高空气球在平流层飞行。高空气球的飞行高度虽然不如卫星,但却比飞机飞得高,一般可达 40~50 千米。

10 千米

● **飞机失重**

乘坐飞机可以体验零重力飞行,零重力公司、Vegitel 公司、Novespace 公司等都开启了相关的业务,旅客每次抛物线飞行可以体验 20 秒无重力。

▲ 航天员在月球表面乘坐月球车

▲ 毕格罗公司设计的充气模块，已经连接在国际空间站

▲ 新谢泼德飞船

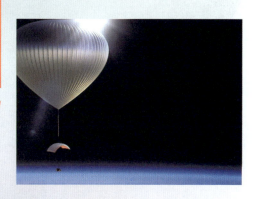

▲ 带着降落伞的高空气球

▲ 波音 727-200 型飞机开展零重力飞行

第 2 章

乘失重飞机旅游的感受

飞机一般在10千米以下飞行。乘坐飞机可以体验零重力飞行，零重力公司、Vegitel公司、Novespace公司等都开启了相关的业务，旅客每次抛物线飞行可以体验20秒无重力。

世界上开展失重飞机旅游的国家

▶ 美国

多年来，美国国家航空航天局（NASA）在各种飞机上进行了零重力飞行。首先是 1959 年，"水星计划"的航天员们在一架 C-131 撒玛利亚飞机上接受训练。一直到 2004 年 12 月之前，使用了 25 架 KC-135 型同温层加油机（Stratotankers）。其次是 KC-135A，NASA 于 1973 年获得这种飞机，在 1995 年退役之前，它的飞行次数超过了 58 000 次。最后一个是 NASA 931，以前是 AF 系列号。

2004 年年底，零重力公司成为美国第一家使用波音 727 飞机向公众提供零重力飞行的公司。每一次飞行都由大约 15 个抛物线组成，包括模拟月球和火星的重力水平，以及完全失重状态。2014 年，美国瑞士空间系统的研究和教育合作伙伴——集成航天服务公司开始在空客 A340 飞机上提供全面的减轻重力服务。

▶ 俄罗斯

目前，俄罗斯在其"星城旅游"项目中，有专门的减小重力飞行项目，使用的是伊尔 -76 MDK 宽体飞机，它在飞行时可以创造短期失重状态。为了达到短期的微重力，飞机以抛物线模式飞行，上升到 6000 多米的高度，然后向下弯曲。人们在抛物线上的一些点感到失重。根据飞行的条件，失重状态可以持续 22~28 秒，在一次飞行中失重状态可以重复进行 15 次。

▶ 法国

Novespace 是法国国家空间研究中心（CNES）的子公司，总部设在

▲ A310 零重力飞机

波尔多 – 梅里尼亚克机场区，成立于 1986 年，旨在促进微重力科学实验。Novespace 每年平均举办 6 次抛物线飞行，主要是为各空间机构（欧洲空间局、德国航天局、日本宇宙航空研究开发机构等）的科学和技术研究服务。

A310 零重力空中客车是由 Novespace 公司运营的新型飞机，用于抛物线飞行的科学项目，是目前世界上实验能力最大的飞机。可以容纳 40 名参与者，并提供超过 200 立方米特别适应的空间，致力于获得经验和练习失重条件下的运动。这个空间，被称为"自由浮动区域"，配备扶手和垂直带，允许在完全安全的区域内移动。

 # 有趣的失重飞行旅游

▶ 美国零重力公司

零重力公司（Zero Gravity）是一家私人太空娱乐和旅游公司，其目标是让公众进入太空进行娱乐和探险。零重力公司提供的是让人们在不去太空的情况下体验真正的"失重"，其细致、优质的服务和丰富的经验，为其旅游事业奠定基础。

目前该公司所用的飞机是一架改装过的波音 727-200 型飞机。升级的液压系统可保证飞机在作抛物线飞行期间保持持续的液压压力。这一修改，连同在驾驶舱中增加的加速器，都经过了美国联邦航空局（FAA）的测试和批准。飞机内部已经被改变，以允许最大的浮动空间。在飞机的后部有 36 个座位，在座位前面，三个浮动区域被金色、银色和蓝色的胶带隔开。最靠近座位的是银区，在银区后面是蓝色部分，后面是金色部分。

2006 年 4 月，零重力公司成为第一家获得肯尼迪航天中心许可的商业公司，可利用其航天飞机跑道和着陆设施来运营失重飞行。

目前零重力公司的费用在失重状态下一个座位的票价是 4950 美元，另加 5% 的税。每次旅行包括 15 个抛物线飞行，每一次都有 20~30 秒的失重状态。此外还包括零重力商品，飞行前后的餐饮，零重力体验的专业照片、视频和无重力的完成证书。

▲ 波音 727-200 型飞机

该公司对几个共同关心的问题的解答：

问 1：一次飞行需要多长时间？

答：零重力体验的飞行部分大约持续 90~100 分钟。在飞行过程中，共有 15 个抛物线飞行，每一个人每次都会有大约 30 秒的失重状态。这和艾伦·谢泼德（Alan Shepard）在美国第一次载人航天飞行中所经历的零重力时间差不多。

问 2：抛物线飞行是否安全？

答：抛物线飞行是非常安全的，在过去的 50 年里，NASA、俄罗斯太空计划和欧洲空间局都在飞行。

问 3：乘坐零重力飞机有什么医疗限制吗？

答：所有乘客都要签署一份医疗史文件，其中包括一系列与医疗有关的问题。如果你没有这些问题，就没有必要咨询医生了。如果你有任何指定的问题，你必须和医生协商并获得其签字。如果怀孕了或有心脏和背部等问题，就应该咨询医生，看看这种情况是否允许乘坐。

问 4：金色、银色和蓝色浮动区域之间的区别是什么？

答：这架飞机被分成三个浮动区域：金色、银色、蓝色。每个浮动区域包含 12 个参与者，并提供相等的浮动时间和空间。

问 5：在飞行过程中乘客会出现发晕的情况吗？

答：一般情况下，乘客不太可能会感到运动不适。零重力的体验是为了给乘客提供一种有趣而愉快的体验，多年来，该公司成功地减少了在飞机上经历运动不适的乘客的数量。今天，很少有人在飞行过程中感到不安或恶心。然而，如果乘客平时容易感到不适，这里有一些建议。首先，建议乘客咨询医生；其次，在飞行前的训练中，会有一些关于飞行运动中的有用提示，可以帮助乘客减少不适的机会。与训练中的航天员不同，乘客将体验 12~15 个抛物线，这

足够有趣，但不足以引起运动不适。

▶ 俄罗斯的 Vegitel 公司

Vegitel 是一家在航空航天领域有长期经验的公司。该公司的成员不仅有旅游业的专业人士，而且还有经验丰富的专家，他们直接参与了在加加林航天员训练中心（GCTC）的工作。对飞机减重力飞行的全面了解以及特殊专业化，使他们能够为俄罗斯和其他国的合作伙伴创造独特的产品和项目，并提供最高质量及可靠性的服务。

旅游日程安排

第一天

13:45　到达 GCTC

到达 GCTC 检查站。

14:00—15:00　GCTC 的参观项目

参观项目包括访问 GCTC 技术领域的三个主要目标：联盟号宇宙飞船模拟器大厅、和平号空间站大厅和国际空间站。

15:00—16:00　在 GCTC 进行医疗检查

乘客将接受 GCTC 医师和耳鼻喉科医师的检查。主要检查指标：动脉血压（低于 155），无心血管系统、神经系统慢性疾病，无神经炎。如果乘客有任何疑问，允许去咨询医生以确保安全。

16:00—17:00　飞行前的简介

在飞行前的简介中，乘客将了解关于 Ilyushin-76 MDK 和短期零重力模式的基本信息。

第二天

07:45

在 GCTC 检查站的会议。

08:00

前往 Chka Lovsky 机场。

08:30—09:30

飞机上的降落伞系统和紧急逃生的飞行前简介。

09:30—10:00

起飞。

10:00—11:30

零重力飞行，10 种模式。

11:30-12:00

个人认证。所有的乘客都得到了证明飞行完成的个人证书。

12:00-12:30

抵达 GCTC 检查站。

⭐ **其他服务**

酒店住宿纪念品，GCTC 跳伞服照片和 GCTC 航班旅行计划的视频。

⭐ **飞行照片和视频**

专业摄影师和视频操作员在零重力条件下工作。尽管乘客可以在飞行过程中使用自己的相机拍照和制作视频，如果想获得高质量的材料，建议乘客订购专业人员拍摄的照片或视频包。

▶ 法国 Novespace 公司

自 1997 年以来，法国 Novespace 公司一直使用空客 A300 "零重力"飞机为所有抛物线飞行作业提供资助。经过 17 年的 13183 次抛物线飞行，A300 "零重力"飞机于 2014 年 10 月退役。2012 年 5 月，Novespace 向公众推出了搭载空客 A300 "零重力"飞机的零重力"探索之旅"。

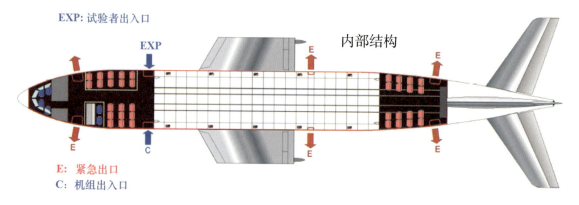

EXP: 试验者出入口

EXP

内部结构

E：紧急出口
C：机组出入口

▲ 空客 A300 的结构

空客 A300 "零重力"飞机抛物线飞行的基地设在法国波尔多 – 梅里尼亚克机场。如果在飞行中遇到不利的天气条件或其他问题，飞机可以使用几个备用机场着陆。

空客 A300 "零重力"飞机在飞行过程中通常执行 31 次抛物线飞行动作。每次操纵开始时，飞机保持稳定的水平姿态，高度和速度分别为 6000 米和810 千米 / 时。在这个稳定的阶段，重力水平大约是 $1G$。

在一个设定的点，飞行员逐渐拉起飞机的机头，飞机开始以一个角度爬升。这一阶段持续约 20 秒，在此期间，飞机经历了地球表面重力 1.5~1.8 倍的重力加速度，即 1.5~1.8G。在 7500 米的高度，飞行方向与水平方向的夹角约为 47°，速度为 650 千米 / 时。

此时飞机沿自由落体弹道飞行，即抛物线飞行，持续约 20 秒，在此期间达到失重状态。抛物线的最高点是在 8500 米左右，在这一点上速度已经下降到 390 千米 / 时。

在失重期结束时，也就是在 7500 米时，飞机必须拉出抛物线弧，这一动

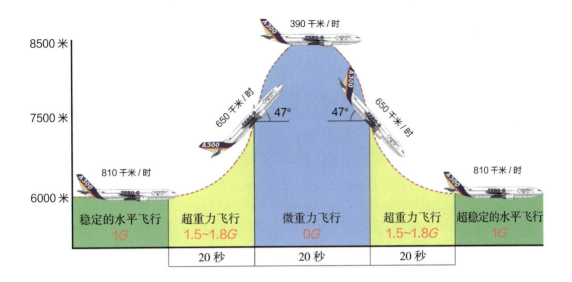

8500 米

390 千米 / 时

650 千米 / 时   47°   47°   650 千米 / 时

7500 米

810 千米 / 时   810 千米 / 时

6000 米

稳定的水平飞行 **1G**	超重力飞行 **1.5~1.8G**	微重力飞行 **0G**	超重力飞行 **1.5~1.8G**	超稳定的水平飞行 **1G**
	20 秒	20 秒	20 秒	

▲ 飞机抛物线飞行示意图

作会使飞机再飞 20 秒，机内大约为 1.8G。在这 20 秒结束时，飞机再次以 1G 的速度稳定地水平飞行，保持在 6000 米的高度。

每次抛物线飞行的周期是 3 分钟，1 分钟的抛物线阶段（在 1.8G 的 20 秒、无重力 20 秒和 1.5~1.8G 的 20 秒），接着是在 1G 水平的稳定飞行。每次抛物线飞行执行 5 组，在每组实验结束时，有更长的时间（5~8 分钟）空闲，使得实验者有足够的时间对他们的实验设置进行修改。在飞行过程中，飞行员通过机舱扬声器宣布时间、角度、上拉和下拉。

知识总结

写一写你的收获

第 3 章

乘坐**高空气球**旅游

高空气球在平流层飞行。高空气球的飞行高度虽然不如卫星，但却比飞机飞得高，一般可达40~50千米。本章，让我们乘坐高空气球，一起俯瞰美丽的大地。

 高空气球

▶ 高空气球有哪几类？

高空气球是指在平流层区域飞行的无动力浮空器。半个多世纪以来，这种运载工具或受人追捧，或被人忽视。如今，新的经济、能源、环境背景给高空气球的发展提供了新的契机，材料、测控等科技的进步为高空气球注入了活力，高空气球在基础学科、航天、环境等领域发挥着越来越大的作用。高空气球的飞行高度虽然不如卫星，但却比飞机飞得高，一般可达 40~50 千米。由于高空气球造价低廉、组织飞行方便、试验周期短，因此越来越受到科学工作者的青睐，并被广泛应用于高能天体物理、宇宙线、红外天文、大气物理、大气化学、地面遥感、高空物理、生理、微重力实验等方面的研究，同时也大量应用于外层空间宇宙设备的预研和试飞以及军事方面等，未来还将向旅游领域发展。

广义的高空气球包括传统的零压式自然型气球、大型超压气球、小型超压气球、红外热气球以及载人气球。

超压气球：极长的飞行距离，完全密封，无氦气泄漏，高度恒定

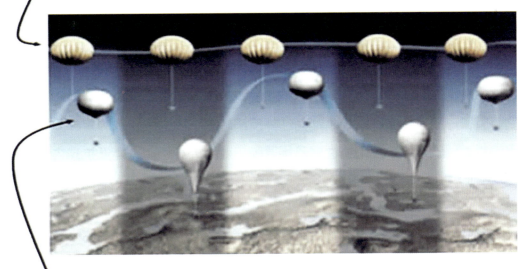

零压气球：底部漏气，丢下压舱物保持高度

▲ 超压与零压高空气球

　　零压开放充氦气球是目前最主要的平流层气球平台。这种气球在底部是开着的，有敞开的管道从侧面悬挂，以使气体逸出。这种气球的持续时间由于气体的损失而受到限制，主要用于短途飞行。

超压气球是完全密封的，没有打开的管道，气体无法逃脱，随着气体膨胀，压力也会增加。由于气球的气体损失最小，超级压力气球的飞行时间比零压力气球要长。因其形状颇似南瓜，故被称为"南瓜气球"。

红外热气球是法国研制的一种长时间飞行气球。气球体积为 4 万立方米左右，载荷 60 千克。该气球利用白天的太阳辐射和夜间地球反照辐射加热球内气体，产生浮力。球体由上下两个不同材料的半球组成，上半部分使用镀铝聚酯薄膜，形成一个空腔以吸收地面红外反照辐射，同时阻止球内气体向外界发出热辐射；下半部分使用线性聚乙烯薄膜，对红外线透明，能抵抗球内外温差（80℃）。

▶ 关于高空气球的问与答

气球是我们日常生活中常见的物品。公园里，有用气球当气枪靶子的；节日里，特别是大型公共场所也经常集中释放气球，颇为壮观。但我们这里所说的气球，跟日常生活中见到的有很大区别，主要是大得难以想象。另外，这种气球内部充氦气，飞得特别高。为了使读者对高空气球有进一步的了解，下面以问答形式介绍高空气球的知识。

1. 什么叫高空气球？

高空气球是一个巨大的乳胶气球，它能把物体带到临近空间。这些气球充满了氦气，并随着它们在地球大气层中的提升而膨胀。附着在气球上的物体通常被称为有效载荷，每一个有效载荷都有一个特殊的目的，包括降落伞、雷达反射器和通信跟踪器等。

2. 高空气球为什么不使用氢，而是氦？

氢在某种意义上比氦更好，它有更大的升力，而且价格也更便宜。但是，如果氢气中混有一定数量的空气就容易爆炸，它可以被称为令人难以置信的炸药，而使用氦是比较安全的。

3. 人类什么时候开始使用高空气球?

高空气球的历史可以追溯到 1896 年。早期使用的高空气球在发现两层大气中起了重要作用（这两层大气是指对流层和平流层）。法国气象学家泰塞伦·德波尔使用高空气球进行工作，为两层大气的发现铺平了道路。从那时起，科学家们就利用高空气球获得许多令人兴奋的发现，其中一个发现就是地球的范·艾伦带。

4. 高空气球是由什么材料制造的?

高空气球通常由乳胶或氯丁橡胶制成。氯丁橡胶是化学合成的，而乳胶是在许多植物中发现的一种天然物质。许多植物中都含有乳胶，因为它是一种对抗食草昆虫的防御机制。

5. 什么叫科学气球?

科学气球是非常大的膨胀结构，它携带科学仪器到太空边缘进行科学研究。在气球升空过程中，这些仪器可以直接测量大气层的温度、湿度、压强、风速和风向。还有些科学气球能观测太阳，测量银河宇宙线。

6. 科学气球典型的飞行过程是怎样安排的?

大多数科学气球飞行都遵循同样的步骤：有效载荷和飞行仪表准备发射。气球被氦气膨胀到所需的升力时，气球和有效载荷发射升空并上升到浮动高度。在飘浮一段时间之后，飞行结束，气球和有效载荷返回地球。

7. NASA 的科学气球最长飞行时间是多少?

NASA 的热气球飞行时间最长，其都是从南极地区威廉姆斯菲尔德机场发射的，环绕着南极飞行。

"超级老虎"是在 2012 年 12 月 8 日发射的，在 38.7 千米高度上飞行了 55 天 1 小时 34 分钟。

"超级压力"气球在 2009 年发射，测试飞行了 54 天 1 小时 29 分钟。

"宇宙线能量和质量"于 2004 年 12 月 15 日发射，飞行了 41 天 21 小时 36 分钟。

8. 科学气球的体积有多大差别？

科学气球的体积通常从 28 316 立方米到 1 699 000 立方米。特定飞行的大小选择取决于有效载荷的质量和所期望的飞行高度。NASA 使用的最常见的气球是 311500 立方米、821000 立方米、962800 立方米以及 1 113000 立方米气球。

9. 科学气球在浮动高度上的大小分别是多少？

在完全充气情况下，一个 4 万立方英尺气球是 121 米高，直径 140 米。一个 6 万立方英尺气球的高度为 130 米，直径为 163 米。

10. 高空气球到达浮动高度后的速度一般有多大？

在浮动高度，气球的速度相对于地面的速度可以在 0~48.3 千米 / 时之间，平均速度是 24.1 千米 / 时。

高空气球旅游现状

▶ 世界观察公司

世界观察公司（World View Enterprises）是一家总部位于亚利桑那州图森市的美国私营临近空间探索和技术公司。

2012 年，一个由航空航天和生命支持退伍军人组成的团队成立了世界观察公司，其中包括生物圈 2 号成员简·波因特、塔伯·马卡勒姆、艾伦·斯特恩博士（新地平线号任务的首席研究员）和前 NASA 航天员马克·凯利。该公司为各种客户和应用者设计、制造和运营平流层飞行技术。该公司通过两个主要的业务部门运作："航行者"载人航天系统和"平流层卫星"非载人飞行系统。"航行者"载人航天飞行系统由氮气填充的高空气球发射升空，目标是将人带到地球上空约 30.48 千米的高空。这种运载工具将在大约 5 个小时的飞行中搭载 6 名乘客和 2 名机组人员。飞行体验是为了给乘客提供一个广角和长时间观察

▲ 世界观察公司

地球曲率和广阔的空间。加压的宇宙飞船计划配备一个休息室，这里你可以和家人、朋友实时进行交流、通信。

世界观察公司发展历史

2014 年 6 月的一次试飞中，世界观察公司成功部署并远程导航了一个翼伞从 15000 米的高度返回地球。

2015 年 10 月的一次试飞中，将试验乘客舱带到了 30000 多米的高度。

2016 年 9 月 5 日的飞行为西南研究所把一个小的、不载人的科学负载上升到 30000 米以上的高空。

2017 年 7 月，世界观察公司完成了 27 个小时的飞行。

2017 年 10 月，世界观察公司完成了第一次长期飞行，在空中停留了 5 天。

"平流层卫星"旨在提供卫星的许多功能，其成本可能要低得多，这要归功于世界观察公司的遥控、气球携带的平台。发射的测试飞行载荷模块包括一个 560 万像素的佳能 EOS 5 DS 相机，用于演示该模块作为一个地球观测平台的能力。

这次飞行还为美国南方司令部提供了一个通信系统，该司令部正在使用"平流层卫星"技术在繁忙的海域打击毒品交易和海盗行为。

在空中飞行了 122 个小时后，"平流层卫星"被带到位于美国大峡谷南部的图森西北约 416 千米处的安全着陆点。

除了未载人的、遥控的"平流层卫星"外，该公司还计划建造一个加压的、气球携带的"旅行者"太空舱，它可以让乘客进行数小时的旅行，从高空观看地球景观。每人每次票价是 75 000 美元，但开始客运服务的时间还没有确定。

2017 年 12 月 19 日，世界观察公司的一个气球爆炸，形成了一个巨大的火球。世界观察公司过去主要使用的是氦气球，但在这一天，正在进行的是一个氢气球的测试，它更便宜，更容易得到，却惨遭失败。

▲ 为气球充气

◀ 带着降落伞的高空气球

▲ 巨大的高空气球

▲ "旅行者"号充压舱

▶ 零 2 无限公司

零 2 无限（Zero 2 Infinity）公司是一家西班牙的私人公司，它主要是开发高空气球并利用气球携带的吊舱和发射器，提供近太空和近地轨道服务。该公司成立于 2009 年，总部设在西班牙巴塞罗那的巴罗里。

该公司目前有三种业务类型："热血之星"（Bloodstar）是一种气球携带的发射装置，可以将小型、微型和纳米卫星等有效载荷送入轨道，其基于气球火箭（rockoon）技术。"气球"（Bloon）是一种气球携带的零排放飞行器，将载人飞船发射至临近空间进行科学研究、教育和太空旅游。"提升"（Elevate）是为科学、通信、卫星测试、气象学和市场营销提供的一项服务，将有效载荷送到临近空间。第一阶段是让高空气球飞行到 30 千米处，在那里火箭平台被点燃并脱离气球，将有效载荷送入轨道。该设计的目的是将 140 千克的有效载荷送到 200 千米的近地轨道，或者将 75 千克的有效载荷送到 600 千米的太阳同步轨道上。

零 2 无限公司一直在测试高空气球，并向科学机构和商业公司发射小型有效载荷，用于测试地球大气层上方的元素。他们的发射系统对环境的影响小，这比传统的系统更有优势。

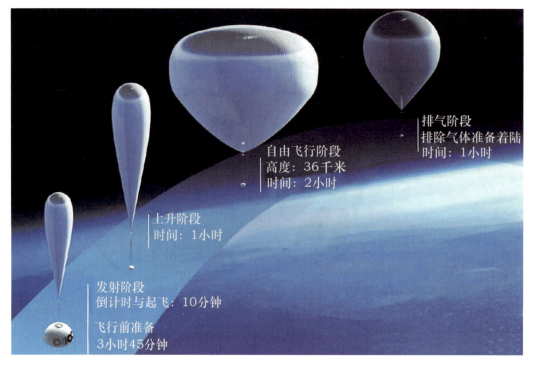

排气阶段
排除气体准备着陆
时间：1小时

自由飞行阶段
高度：36千米
时间：2小时

上升阶段
时间：1小时

发射阶段
倒计时与起飞：10分钟

飞行前准备
3小时45分钟

▲ 零2无限公司操作全过程

Bloon 将搭载 4 名乘客和 2 名飞行员到 36 千米的高度。这种工具需要约 1 个小时才能达到最大高度，然后在那里停留 2 个小时，在脱离气球后，通过可操纵的降落伞最终降落，使用安全气囊平稳着陆。坐在一个舒适的、亲切的环境中，在 36 千米的高度欣赏我们星球的壮观景色并以最独特的方式了解地球，这里没有噪音，没有大的加速和减速，飞行过程很平稳，可以享受高端的体验和服务。

游客乘坐在巨大热气球下悬吊的客舱中，客舱采用比飞机更先进的增氧装置，让游客不需要穿戴航天服就可以来一次太空旅游。客舱中还有先进的卫星通信设备，可以让游客在高空旅游时也能登录互联网和拨打电话，让游客及时和亲朋好友分享高空旅游的快乐。

为了便于游客观景，客舱采用 360 度的环形设计。客舱壁是高强度高分子透明材料，不但透光率高，而且可以抵御温度和气压的急剧变化。毕竟在 36 千米的高空，气压很低，气温则降至零下 50 摄氏度。

在 36 千米的高空能比在飞机上看到哪些更多的风景呢？一是，向下的视

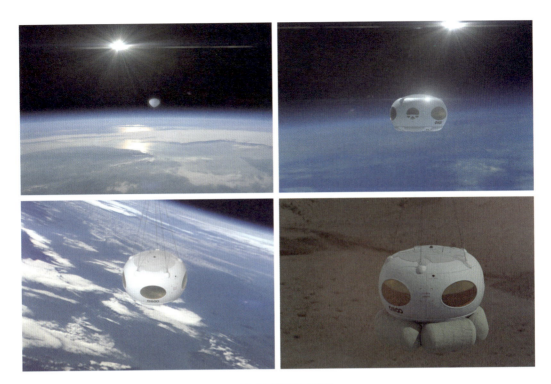

▲ 零 2 无限公司吊舱

野更加广阔了，如果是多云天气，则可以看到一片茫茫的云海和它们的全貌，而不像在飞机上看到的是云海底部和两侧；如果是晴天，则可以看到比地面范围大得多的地面景观，是在飞机上看到的面积的 10 倍以上。

二是，在 36 千米的高空中，空气已经十分稀薄，不会再对阳光进行反射和折射，在白天就可以看到太阳悬挂在漆黑的太空中。在那里还可以看到星星和太阳争辉的场景，此时看到的星星特别明亮，而且不再闪烁。除了能看到更多的美景外，热气球要比飞机安静得多，可以来一次宁静的旅行。

零 2 无限公司对顾客关心的问题回答如下：

1. 气球会爆炸吗？

不会的。高空气球失败的案例是罕见的，因为气球在下落时会慢慢地放掉氦，使得吊舱缓慢下降。在气球破裂的情况下，预先部署的降落伞将把下降速度限制在一个安全的水平。

2. 如果吊舱落在海面、湖面或其他有水的地方怎么办？

在设计时，就考虑到要避免吊舱降落在海面或其他水面上。为保险起见，吊舱被设计成能漂浮在水面上。

3. 着陆点能提前知道吗？

着陆点将根据预测的风况来确定，会提前预测。着陆点距离发射地点300千米以内，工作人员将在那里等候。

4. 能经历微重力吗？

如果乘客愿意，也可以。微重力不是高度的问题，而是下落的问题。在下降时，Bloon的速度是可以控制的，可经历一分钟的微重力。

5. 如果翼伞没有展开或因侧风而失去升力怎么办？

在下降系统中，设计有三重冗余。如果降落伞没有展开，另外两个降落伞是可用的。此外，该系统的设计包含有从侧风中恢复的功能。

6. 飞行过程中遇到紧急情况怎么办？

该设备所有的飞行员都是有经验的气球飞行员，他们在各种紧急情况和急救过程中都受过充分的训练。

7. 如果天气条件不能满足安全飞行怎么办？

只有在所有条件符合该公司的高度安全标准的情况下，飞行才会发生。最好的天气预报设备将用于决定航班是否可以起飞。

8. 一次飞行的票价是多少？

世界观察公司的票价大约是75000美元。零2无限公司的票价大约130 000美元。

知识总结

写一写你的收获

第 4 章

亚轨道旅游

亚轨道飞行是指进入了太空，但因其速度没有达到第一宇宙速度，所以不能环绕地球飞行，到达最高点后就逐渐下降，重返大气层并回到地面。亚轨道飞行的高度一般在100千米左右。

 # 亚轨道飞行

▶ 什么叫亚轨道飞行？

亚轨道飞行是指进入了太空，但因其速度没有达到第一宇宙速度，所以不能环绕地球飞行，到达最高点后就逐渐下降，重返大气层并回到地面，整个飞行轨迹与抛物线接近的飞行。

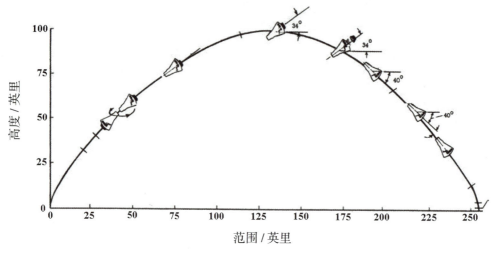

▲ 美国载人飞船"水星"号第二次亚轨道飞行轨迹

1961 年 7 月 21 日，美国载人飞船"水星"号进行了第二次亚轨道飞行，其最大高度为 164 千米，飞行范围是 420 千米，无重力飞行时间大约 5 分钟，飞船的速度是 5.07 千米 / 秒。

一般亚轨道飞行的高度在 100 千米左右，这是由国际航空联盟所定义的，这个高度通称为卡门线，因为在此高度维持飞行升力所需的速度超过轨道速度。

一个洲际飞行的加力飞行阶段为 3~5 分钟，自由落体中端阶段约 25 分钟。一个洲际导弹大气重返阶段大约 2 分钟，而观光太空飞行所需的软着陆则需时更多。

最高点：103千米
无重力

卡门线 100 千米

惯性飞行　　再入

发动机关机
58.5千米

最大过载
4G

动力上升
3分钟达2.9马赫

下滑与盘旋

从跑道水平起飞

水平着陆
总飞行时间：60分钟

▲ 亚轨道飞行的典型轨迹

亚轨道飞行也可能持续数十个小时。NASA 成立后发射的第一个航天器——"先驱者 1 号"原本目标是月球，但由于发射载具提前熄火，探测器未能达到理论速度，因此无法完成接近月球的计划，但达到了 113 854 千米的高度，这在当时也是创造了一项纪录。它在运行了 43 小时后进入地球大气层，最后坠落在南太平洋。

"先驱者 1 号"由两个多层玻璃纤维圆锥和一个圆柱体组成，玻璃纤维被涂上黑白两色以调节温度。探测器的顶部是一枚制动火箭，底部是 8 枚可抛弃的固体火箭。这些微调火箭呈环状排布，总质量达 11 千克。

亚轨道载具的一个主要用途是作为科学研究的探空火箭。科学用途的探空火箭起源于 20 世纪 20 年代罗伯特·戈达德发射的第一枚液态燃料火箭，虽然当时的火箭并未进入太空。现代的探空火箭则起源于 20 世纪 40 年代末期德国的 V-2 火箭。今日市场上有多个国家不同供应商提供的各式各样的探空火箭。一般来说，研究人员希望能在微重力大气层之上进行实验。

SpaceLiner 是一个高超音速亚轨道太空飞机概念，可以运送 50 位乘客在

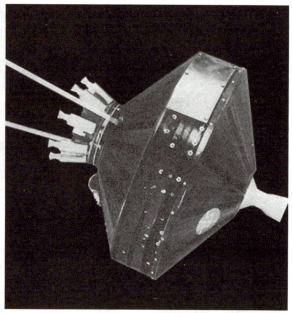

▲ "先驱者1号"

90分钟内由大洋洲抵达欧洲，或100位乘客在60分钟内由欧洲抵达美国加利福尼亚州。此概念的主要挑战在于增加各种零件的稳定度，特别是引擎，只有解决这些问题才可能用于每天飞行的客机上。

▶ 亚轨道飞行历史

第一次亚轨道飞行发生在1944年6月，德国的V-2火箭测试飞行达到189千米的高度。

1949年2月24日，美国人发射了Bumper 5二级火箭，飞行达到399千米高度，速度达2300米/秒，接近于7马赫。

1961年5月5日，美国进行了第一次亚轨道载人飞行，艾伦·谢泼德成为第一位进入太空的美国人。

1963年7月19日，美国的火箭动力飞机X-15进行了一次亚轨道载人飞行，高度达到106.01千米。

1975年4月5日，苏联发射了联盟-18A飞船，计划与"礼炮号"空间站对接，但由于运载火箭的第二级与第三级分离失败，飞船没有进入预定轨道，

▲ 火箭动力飞机 X-15

而是到达了最高点为 192 千米的亚轨道。

2004 年 6 月 21 日，美国的太空飞船 1 号成功进行了一次商业太空飞行，实际高度达到 100.124 千米。

亚轨道飞行器

▲ 蓝色起源新标志

▲ 蓝色起源的盾徽

▶ 蓝色起源

蓝色起源（Blue Origin）公司是一家位于美国华盛顿州肯特市的私人太空公司，由亚马逊公司创始人杰弗里·贝索斯于2000年创办。该公司的名字指以蓝色飞机和蓝色地球为起源点，盾徽的含义是在21世纪实现百万人到太空居住和工作。

该公司致力于发展能使私人安全可靠和低成本进入太空的技术。该公司主要研制亚轨道和轨道飞船，并在2012年成功测试一种与"阿波罗"飞船和"神舟"飞船都不同的载人飞船逃生系统。

蓝色起源公司正在发展的技术集中在以火箭为动力的垂直起飞和着陆工具，用这种载具将人送入亚轨道和轨道空间。

最初，研制了几种亚轨道飞行技术，设计和建造了新谢

▲ 垂直起降工具示意图

▲ 新谢泼德火箭

▲ 新谢泼德飞船

泼德飞船，并进行了测试飞行，测试一直持续到 2018 年。测试的飞行高度达到 100 千米以上，最高速度超过 3 马赫。运载火箭和返回容器都安全软着陆。谢泼德的名字采用的是 NASA 最早的"水星计划"7 名航天员之一的艾伦·谢泼德，他执行过"水星 – 红石 3 号"以及"阿波罗 14 号"任务，是第一位进入太空的美国人，也是第五位踏上月球的人。

新谢泼德系统是完全可重复使用的垂直起飞和垂直着陆空间工具。该系统由推进器顶端的充压太空舱组成，组合工具垂直发射，在发动机关闭之前加速大约 2~2.5 分钟，然后太空舱与推进器分离滑行进入太空。自由降落几分钟后，推进器执行一个自动控制的动力火箭垂直着陆，太空舱在降落伞的作用下软着陆，二者都可以重复使用。

▲ 新格伦运载火箭

新谢泼德太空舱内部空间有 15 立方米，可以乘坐 6 名航天员，在无重力飞行时，可以让航天员自由漂浮。

太空舱的另一个特征是窗口大，窗口面积占太空舱表面积的 1/3。每个窗口由多层坚硬材料制造，具有水晶的透明度，没有畸变和反射，可见光的透射率达 92%。

▲ 蓝色起源 4 火箭发动机

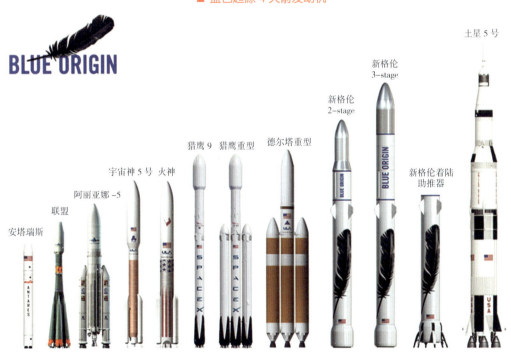

▲ 新格伦运载火箭与世界上著名火箭比较

2004 年以后，蓝色起源开始研究轨道飞行技术，研制了新的大型蓝色起源 4 火箭发动机，这是一种先进的分级燃烧循环发动机。2016 年 9 月，蓝色起源新的运载火箭叫新格伦运载火箭，可用于发射轨道飞船。

▲ 新谢泼德太空舱内部

蓝色起源公司创始人杰弗里·贝索斯多次表示，他的公司有两个目标，一是降低成本，二是提高太空旅游的安全性。在贝索斯的努力下，该公司迅速发展，2013年，公司仅有250名雇员，2015年增加到350人，到2017年4月则增加到1000人。

2015年4月29日首次发射以来，蓝色起源进行的测试如下：

第一枚新谢泼德火箭在2015年4月29日举行首次飞行，飞行高度达到93.5千米。试飞本身是成功的，太空舱借助降落伞顺利降落，但火箭坠毁，主要原因是液压系统在下降过程中出现故障。

第二枚新谢泼德火箭首次飞行于2015年11月23日进行，飞行高度达到100.5千米，并成功垂直降落。

2016年1月22日，蓝色起源成功地重复了2015年11月23日的发射结果。飞行高度达到101.7千米，太空舱和运载火箭顺利返回地面。这一次发射证明了新谢泼德火箭可重复使用，周转时间为61天。

2016年4月2日，新谢泼德火箭第四次发射，飞行高度达到103.8千米，并顺利返回地面。

2016年6月19日，新谢泼德火箭第五次发射，飞行高度为100.6千米，成功返回地面。太空舱再度使用降落伞，但是这一次只用两个降落伞测试。这两个降落伞将太空舱降落速度减缓为每小时37千米，而使用三个降落伞将可以让太空舱降落速度减缓为每小时26千米。

2017年12月12日和2018年4月29日，蓝色起源对新太空舱和运载火箭进行了两次飞行测试，都取得了圆满成功。新的太空舱增大了窗口，新窗口宽0.73米，高1.1米。

2017 年 12 月 12 日测试过程：

▲ 运载火箭点火

▲ 起飞

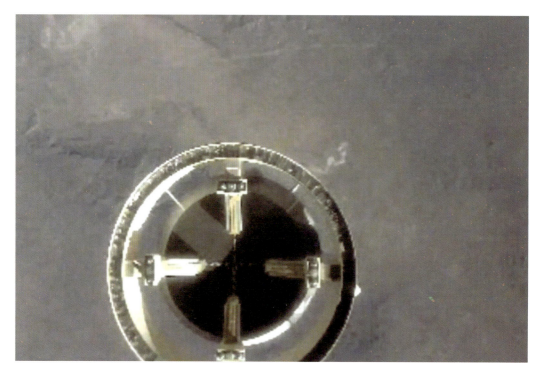

▲ 太空舱分离

▲ 运载火箭返回

▲ 太空舱返回

▲ 太空舱着陆

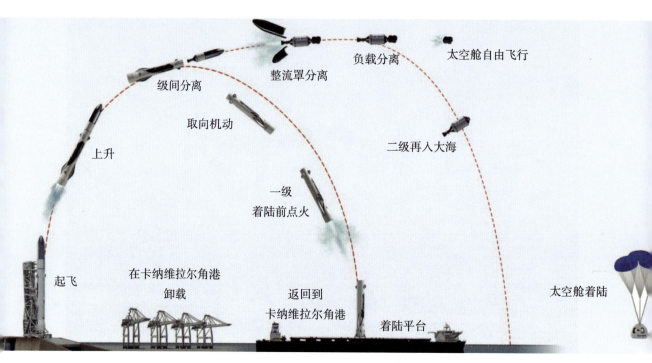

级间分离　整流罩分离　负载分离　太空舱自由飞行

取向机动

上升　二级再入大海

一级
着陆前点火

起飞　在卡纳维拉尔角港
卸载　返回到
卡纳维拉尔角港　着陆平台　太空舱着陆

▲ 发射返回全过程

▶ 维珍银河

　　维珍银河（Virgin Galactic）是理查德·布兰森创办的维珍集团的一家公司，计划提供亚轨道飞行。该公司的"太空船1号"于2003年5月20日首次飞行，并于2004年10月4日退役。"太空船1号"和航天飞机不同，是先由飞行母船"白色骑士"载上高空，飞行速度达900米/秒，后释放子船本体，然后才开始自行飞行。自行飞行后，"太空船1号"使用混合式火箭引擎作为推力来源。由于飞行速度不超过第一宇宙速度，因而无法进入轨道，仅完成亚轨道太空飞行。在2004年10月4日的一次测试中，其飞行速度超过3马赫，高度达到112千米，比美军飞行器X-15所创下107.9千米的飞行纪录还高。

　　2014年10月31日，维珍银河"太空船2号"在美国加利福尼亚州莫哈韦沙漠试飞时发生爆炸，两名飞行员一人跳伞受伤，一人死亡，太空船残骸散落在沙漠里。美国国家运输安全委员会调查人员表示，初步怀疑是副驾驶过早启动一个安全装置导致事故，但具体原因还有待调查。这起事故对希

▲ "白色骑士"飞机

▲ 挂在"白色骑士"下面的"太空船 1 号"

望领跑新兴太空旅游工业的维珍银河公司来说，显然是一次巨大的打击。太空旅行从来就不是容易的，而把它变为一种常态则是难上加难。

维珍银河公司的"太空船2号"于2016年9月8日再次起飞，这是2014年发生坠毁事故后的首次试飞。"太空船2号"被命名为"维珍团结号太空船"，它与母机"白色骑士2号"一同从母舰上起飞。

维珍银河公司推出的太空飞行计划能够极大地满足渴望太空探险的人们的需要，探险者仅需支付20万美元，就能够在太空边缘逗留几分钟，从遥远的太空俯瞰地球，同时享受从未有过的失重感。

太空船每次飞行可容纳2名飞行员和6名乘客。乘客将首先在位于美国加利福尼亚州莫哈韦沙漠的莫哈韦航天发射场接受训练，然后乘坐一艘样式独特的航天器遨游太空。当这艘航天器升到15千米的高空后，母船"白色骑士2号"将发射载有旅行者的载人飞船"太空船2号"，"太空船2号"随后升高到110千米高空，并将其机翼折叠起来环绕地球航行。旅行者在亚轨道上感受约6分钟的失重状态，并在宇宙空间鸟瞰地球。到目前为止，已有300人为乘坐"太空船2号"进行太空旅行支付了旅费，另有82000人已在维珍银河公司的网站注册，表示他们有兴趣参加太空旅游。

维珍银河公司机票销售部负责人的统计数字显示，机票订购者数量最多的

▲ "太空船2号"

国家是美国，其次是英国、日本、俄罗斯、澳大利亚、加拿大、新西兰、西班牙和爱尔兰。如果按人口比例来计算的话，新西兰、爱尔兰和丹麦成为维珍银河公司的最大客户。在所有已签约的顾客中，女性仅占到 15%。10% 的人是通过旅行社预订机票的，30% 的预订是通过维珍银河公司的特许太空游代理人实现的。特许太空游代理人是维珍银河公司在 2007 年 1 月发起的一项行动，旨在挑选合格人选代理它的业务。

特许太空游代理人都是已注册的旅行代理人，他们是由维珍银河公司精心挑选出来的，并且接受了维珍银河公司提供的全方位培训。代理人分布如下：

1 | 澳大利亚拥有 9 名太空游代理人，以及大约 30 名太空游顾问。

2 | 新西兰拥有 1 家太空游代理公司，共 10 名太空游顾问。

3 | 日本拥有 1 家太空游代理公司，共 5 名顾问。

4 | 美国拥有 45 家太空游代理公司，共 47 名顾问。

5 | 加拿大拥有 4 家太空游代理公司，共 6 名顾问。

6 | 阿拉伯联合酋长国拥有 1 家太空游代理公司，共有 12 名顾问。

▶ 中国的亚轨道旅游

像火箭一样起飞，如飞机一样降落。中国航天科技集团公司一院正联合国内优势机构共同合作研制可重复使用的运载器。其最终目标不仅能将单位有效载荷的运输成本降低至现有一次性运载火箭的十分之一，还能大幅缩短发射准备时间，有望像飞机一样实现航班化的天地往返运输。

可重复使用运载器，是指能利用自身动力携带人员或有效载荷进入预定轨道，并从轨道返回地面，是可以多次重复使用的航天运输工具。根据不同标准，重复使用运载器有多种分类。按照重复使用的比率，可分为部分重复使用和完全重复使用（例如，航天飞机、"猎鹰九号"火箭等属于部分重复使用，英国研制的"云霄塔"空天飞行器属于完全重复使用）；按主动力形式分为火箭动力和吸气式组合动力；按级数分为单级入轨和多级入轨（一般以两级入轨为主）；按起降方式分为垂直起飞 / 垂直降落、垂直起飞 / 水平降落以及水平起降。

我国正在研制的重复使用运载器兼具航天器和航空飞行器的特点。与传统的一次性火箭相比,我国正基于目前的火箭发动机,通过技术改进让其实现重复使用。通过试验验证其快速再次发射和重复使用能力。

与"猎鹰九号"相比,该运载器的组合和回收方式有所不同。"猎鹰九号"以及传统火箭,各子级是采用串联方式。该运载器的起飞方式与传统火箭一样,都是垂直发射,但优选方案是让一、二级并联组合在一起,一级"背"着二级,二级机身设置着有效载荷舱。回收时,"猎鹰九号"一级是垂直降落于海上平台或陆地回收区域,目前暂未实现第二级的回收。而可重复使用运载器的一、二级在完成各自任务后,将分别返回着陆场,像飞机一样水平降落在跑道上。

Space X曾宣称,凭借"猎鹰九号"一级回收,未来可将航天发射成本降低80%。我国重复使用运载器的目标与其近似,该运载器的设计重复使用次数在20次以上,初期目标是将单位有效载荷运输成本降至目前的1/5,未来则有望降至1/10。

除了降低发射成本,该运载器的发射周期也将大大缩短。《科技日报》报道,传统火箭的发射准备时间往往长达数月,即使是国内以快著称的小型火箭"快舟"系列,准备时间也需一周左右。该运载器将引入航空领域的快速检测理念和技术,力求具备一天一次飞行的能力。

不过,可重复使用航天器的终极目标,仍是制造出能像飞机一样水平起降、可单级入轨的"空天飞机"。为了提高在大气层内的飞行效率,需要用涡轮发动机、冲压发动机与火箭形成组合动力。目前国内已经开展相关研究。该技术难度极大,预计还需要10余年才能具备工程应用能力。而火箭动力形式目前已经比较成熟。

依托中国航天科技集团公司一院而建的中国火箭公司,把亚轨道飞行体验视为服务大众的起点。中国"太空旅游"的时间表为:

2020—2024年,利用10吨级的亚轨道飞行器,相继实现60~80千米轨道高度的商业载荷飞行和3~5座的商业载人飞行,提供太空旅游观光、短时间失重体验和特殊机动飞行服务;

2025—2029年,利用百吨级的亚轨道飞行器,可相继实现120~140千

米轨道高度的商业载荷飞行和 10~20 座的商业载人飞行；

2030—2035 年，利用百吨级组合动力飞行器，将提供 10~20 座，80~90 千米轨道高度的长时间亚轨道商业飞行，支撑全球快速点对点洲际航班、商业长期空间飞行等业务的开展。

知识总结

写一写你的收获

第 5 章

轨道旅游

轨道旅行指航天器可以在至少一个轨道上停留在太空中。科学卫星一般在200千米以上。载人航天器的轨道一般在300千米以上，如国际空间站在400千米，航天飞机在320千米。

轨道飞行

  轨道飞行是一种太空飞行，在这种飞行中，航天器被放置在一个轨道上，它可以在至少一个轨道上停留在太空中。要在地球上这样做，航天器的速度必须达到第一宇宙速度，即 7.8 千米 / 秒。另外，由于低层大气对航天器施加的阻力比较大，因此科学卫星一般飞行在 200 千米以上，而载人航天器的轨道一般在 300 千米以上，如国际空间站的轨道高度在 400 千米左右，航天飞机的轨道高度一般在 320 千米左右。

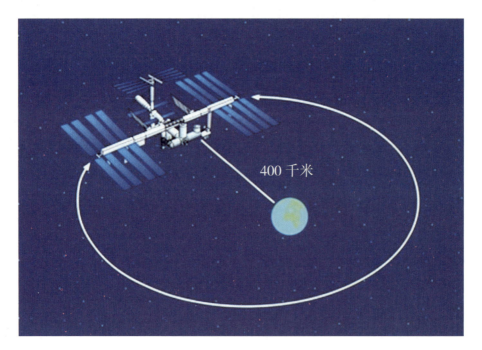

▲ 国际空间站轨道

  在作轨道运动的航天器内部，物体一直处于微重力状态。与其他形式的太空旅游相比，轨道旅游最突出的特点是游客长期处于微重力环境。

轨道旅游发展概况

在 20 世纪 90 年代末，当时负责空间站的私人企业"和平号公司"（MirCorp）开始寻找潜在的太空游客来访问"和平号"，以抵消部分维护成本。美国商人、前喷气推进实验室科学家丹尼斯·蒂托成为他们的第一个候选人。当决定"和平号"空间站离轨时，蒂托准备去国际空间站旅行，但遭到 NASA 的高级官员强烈反对。后来，通过太空旅游公司——太空探险有限公司的安排，蒂托于 2001 年 4 月 28 日加入了联盟 TM-32 任务，在太空停留 7 天 22 小时 4 分钟，绕地球飞行了 128 次。蒂托在轨道上进行了几项科学实验，他说这对他的公司和企业都很有用。蒂托为他的旅行支付了 2000 万美元。

2001 年 6 月 26 日，美国众议院空间和航空科学委员会小组委员会公布了 NASA 对向国际空间站运送太空游客态度的转变。小组委员会的报告评估了蒂托的广泛训练和他作为非专业航天员在太空的经验。

太空游客指不是以执行任务（如进行实验或工作）为目的，而搭乘太空船参与太空飞行的人。在苏联解体后，由于太空船的操作成本极大，同时要付给拜科努尔太空中心地租与使用场地费，俄罗斯为筹措经费，开放了民间赞助，报酬为可让赞助者搭乘太空船进入太空，因此大多数太空游客为可以支付大笔费用的亿万富翁。由于 NASA 的太空任务仅供国际专门科研之用，故现今太空旅游仍以俄罗斯为主。

南非计算机百万富翁马克·沙特尔沃思紧随其后。2002 年 4 月 25 日，沙特尔沃思作为平民航天员，搭乘俄罗斯联盟 TM-34 号宇宙飞船前往太空，为此他花费了 2000 万美元，同时也获得了全世界的关注。经过两天航行，飞船抵达国际空间站，在空间站的 8 天时间里，他参与了艾滋病疫苗的试验以及基因方面的研究。5 月 5 日，返回地球。为了这次航行，沙特尔沃思花了一年时间进行前期训练与准备，包括在莫斯科的星城待了 7 个月。在谈到在太空的体会时，沙特尔沃思说："我非常幸运能够去太空体验，站在太空看一些事情，才发现生命的短暂、世界的渺小。当我回到地球后，觉得更应该去做一些对人类、

对世界有着正面影响的事情。"

第三位太空游客是 2005 年的格雷戈里·奥尔森。奥尔森是传感器无限公司的联合创始人和董事长，该公司开发的光电设备包括灵敏的近红外和短红外照相机。传感器无限公司的主要客户之一是 NASA。奥尔森是新泽西州普林斯顿 GHO Ventures 公司的总裁，他在那里管理着他的天使投资、南非葡萄酒厂、蒙大拿牧场，并进行了大量的演讲活动，鼓励儿童尤其是少数族裔和女性儿童考虑从事科学或工程方面的职业。

奥尔森搭乘联盟号 TMA-7（2005 年 10 月 1 日发射，对接 10 月 3 日）飞往国际空间站，2005 年 10 月 10 日返回地球。在准备进入太空之前，奥尔森进行了一年半的训练。在一次常规的 X 光检查中，他的肺部发现了一个黑点。为了获得飞行许可，他必须每月进行一次体检。他花了 9 个月的时间才通过了体检。他在空间站进行了几次遥感和天文学实验。奥尔森是一名有执照的业余无线电广播员，他持有 FCC 呼号 KC2ONX，并通过 ARISS 项目从太空通过 ham 电台与学生交流。在新泽西州一所高中的一次非正式演讲中，奥尔森估计他的太空旅行的价格是 2000 万美元。

奥尔森在接受《国家地理》杂志采访时表示，他对"太空游客"的称号感到不满。他说，"太空游客"这个词意味着你要填写一张支票，然后你就去兜风。相信我，事实并非如此。奥尔森努力做到这一点，在俄罗斯航天局进行了长期的训练。

2006 年 9 月 18 日，一位名叫安努什·安萨里的伊朗裔美国女商人成为第四名太空游客（联盟 TMA-9）。安萨里于 1966 年 9 月 12 日出生，是一名伊朗裔美国工程师，同时也是 Prodea 系统的联合创始人和主席。她之前的商业成就包括担任电信技术公司的联合创始人兼首席执行官。安萨里家族也是"安萨里 X 大奖"的赞助商。2006 年 9 月 18 日，在她 40 岁生日的几天后，她成了第一个进行太空旅游的女性。

当人们问她为什么要飞往国际空间站时，安萨里说："我希望能激发每个人尤其是年轻人，如果他们把梦想放在心里，培养它，寻找机会，让这些机会发生，他们就能实现自己的梦想。"在她离开地球的前一天，她在伊朗国家电视台接受了天文学节目《夜之天空》的采访。东道主祝愿她成功，并代表伊朗人感

谢她。

2006 年 9 月 18 日，在拜科努尔，安萨里与指挥官、飞行工程师一起起飞。她的合同不允许透露所支付的金额，但之前的太空游客已经支付了超过 2000 万美元。2006 年 9 月 20 日，飞船与国际空间站对接。安萨里于 2006 年 9 月 29 日在哈萨克斯坦的大草原上（阿卡里克以北 90 千米）与美国航天员杰弗里·威廉姆斯和俄罗斯航天员帕维尔·维诺格拉多夫一起安全降落。她从迎接的人们那里得到了红玫瑰，并得到了她的丈夫哈米德的一个惊喜的吻。

安萨里在国际空间站的 9 天停留期间，进行了人类生理学领域的科学实验：从太空辐射对机组人员的影响，到对航天员肌肉萎缩发展机制的调查。实验的目的是研究人类有机体对空间环境的反应，其最终目标是优化人类在太空中的持久性条件，并对影响地球上人类的常见疾病进行研究。

2007 年 4 月 8 日，匈牙利裔美国商人查尔斯·西蒙尼（Charles Simonyi）加入他们的行列（联盟 TMA-10）。2009 年 4 月，他再次以联盟 TMA-14 成员身份进行飞行，成为第一个重复太空旅行的人。

查尔斯·西蒙尼生于匈牙利布达佩斯，软件开发专家，曾任微软公司的产品开发主任。西蒙尼是微软的早期员工之一，他曾在十多年间主持 Microsoft Office 各个部件程序的开发工作。他坚持面向对象的软件开发运程，为 Microsoft Office 主宰世界市场立下了汗马功劳。

自 2006 年年初开始，西蒙尼经常在拜科努尔天空城接受宇航飞行训练。2007 年 4 月 7 日，他乘"联盟 TMA-10"飞船前往国际空间站，同行的还有两名俄罗斯航天员。两天之后，也就是在 4 月 9 日，飞船与空间站实现对接，西蒙尼正式成为第五名太空游客和第二名祖籍匈牙利的太空人。西蒙尼为此次太空旅行支付了高达 2500 万美元的费用，花费不菲。好在俄罗斯联邦航天局答应让联盟飞船搭载不少他喜爱的食品上太空，同别的航天员一起分享。报道中提到他的太空食谱包括米德兰酒、鸭胸肉、鸡胸肉、苹果酱、白米布丁、杏仁饼等，由于品味不凡，有传媒猜测此款食谱出自其精通家政的好友玛莎之手。西蒙尼于 2007 年 4 月 21 日乘坐"联盟 TMA-9"飞船安全返回地球。

2009 年 3 月 26 日，他乘"联盟号 TMA-14"飞船第二次前往国际空间站。2009 年 4 月 8 日，他乘"联盟号 TMA-13"飞船返回地球。

2009 年 9 月，加拿大人拉利伯特成为第六名国际空间站游客，登上了"联盟号 TMA-16"。拉利伯特生于 1959 年 9 月 2 日，是加拿大商人、投资者、扑克玩家和音乐家。1984 年，拉利伯特在加拿大成立了太阳马戏团，在全球范围内，有 9000 多万人观看了该公司的演出。

2009 年 9 月，拉利伯特成为加拿大第一个太空游客。他飞行的目的在于提高人们对地球上人类面临的水资源问题的认识，这让他的太空飞行成为"诗意的社会使命"。这次活动的同时，还有一个 120 分钟的网络直播节目，包括五大洲的 14 个城市举办了各种艺术表演。

2011 年 6 月，拉利伯特出版了一本名为《盖亚》的书，书中附有 2009 年他前往国际空间站的照片。

轨道旅游具有三个主要特点：一是技术成熟，安全可靠。人类开展载人航天已经有 60 年的历史，在载人飞船、航天飞机和空间实验室及空间站等方面，都取得了巨大的成就，载人航天的安全性得到了充分的保证。二是可开展的旅游项目比较多，如微重力环境下做各种动作、开展各种科学实验等。三是费用太高，目前能到国际空间站旅游的，基本上都是亿万富翁。

毕格罗商业空间站

从上面的介绍中我们已经知道，如果将空间站作为太空旅游的平台，最大的缺点是成本高，普通人根本承担不起，只能是亿万富翁的专利。因此，在保证安全的前提下，如何降低成本，是未来旅游平台要解决的根本问题。

美国毕格罗公司准备从两方面入手，一是构建可膨胀结构的空间站，二是发展可重复使用的载人飞船。

为了检验充气模块的安全性，2016 年 4 月 8 日，NASA 发射了一种毕格罗充气模块，将其连接到国际空间站，并在那里进行为期两年的测试。任何独立的毕格罗商业空间站都将不得不等待商业上可用的载人轨道航天器的发展。

▼ 已经安装在国际空间站上的充气舱

毕格罗公司在可扩展的太空栖息地的早期工作，计划将它们最终组装到轨道空间站，从 1999 年该公司成立后的最初几年就开始了。到 2004 年，公开的计划包括将多个模块组装成"进入低地球轨道的载人空间设施，用于私人和公共资助的研究和太空旅游"。到 2005 年，毕格罗空间站计划已经被进一步概念化，变成了"商业空间站天行者"（天行者是星球大战中的人物名），这是一个"太空旅游"的概念。天行者由多个鹦鹉螺（B330）的栖息地组成，这些模块将在到达轨道时被充气并连接起来。一个多方向推进模块将使天行者移动到星际或月球轨道。简而言之，天行者是"为建造地球上第一个轨道空间酒店而努力，预计房间的价格为每晚 100 万美元"。

2010 年中期，毕格罗宣布下一代商业空间站命名为"太空复合体阿尔法"。

2012 年 5 月，Space X 的"猎鹰 9 号"发射了"龙"飞舱，成功完成了 Space X 公司的使命。与此同时，毕格罗和 Space X 联合宣布，他们将合作向太空提供私人载人飞行任务，推广毕格罗空间站和 Space X 的交通系统。2014 年，该计划要求载人运输，并通过 Space X 公司的"龙 V2"重新向空间站运送货物，其往返机票价格为 265 万美元。

▲ 鹦鹉螺 B330 模块

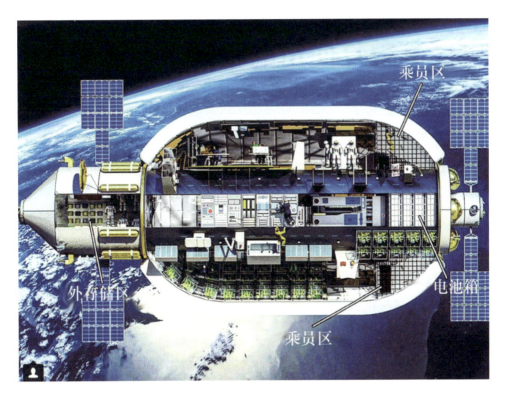

▲ 居住舱

▲ 太空复合体阿尔法

可重复使用的空天飞机

谈到空天飞机（Aerospaceplane），读者自然可能想到美国的 X-37B。其实 X-37B 还不是真正意义上的空天飞机，因为发射这种飞机是利用运载火箭直接进入太空，只有返回时才与飞机相似。

空天飞机是一种未来的飞机，它像普通飞机一样水平起飞，以每小时 1.6 万~3 万千米的高超音速在大气层内飞行，在 30~100 千米高空的飞行速度为 12~25 倍音速，而且可以直接加速进入地球轨道，成为航天飞行器，返回大气层后，像飞机一样在机场着陆，成为自由往返天地之间的运输工具。在此之前，航空和航天是两个不同的技术领域，由飞机和航天飞行器分别在大气层内、外活动，航空运输系统是重复使用的，航天运载系统一般是不能重复使用的。而空天飞机能够达到完全重复使用和大幅度降低航天运输费用的目的。

发展空天飞机的主要目的是降低空天之间的运输费用。其途径归纳起来主要有三条：一是充分利用大气层中的氧，以减少飞行器携带的氧化剂，从而减轻起飞重量；二是整个飞行器全部重复使用，除消耗推进剂外不抛弃任何部件；三是水平起飞，水平降落，简化起飞（发射）和降落（返回）所需的场地设施和操作程序，减少维修费用。

但是，经过几年的研究分析，科学家们发现，过去的估计过于乐观。实际上，上述三条途径知易而行难，需要解决的关键技术绝非短时间内能够突破的，这些关键技术如下。

1 │ 新发动机

空天飞机的飞行范围为从大气层内到大气层外，速度从 0~25 马赫，如此大的跨度和工作环境变化是现有的所有单一类型的发动机都不能胜任的，因而为空天飞机研制全新的发动机成为整个项目的关键。

2 │ 空气动力分析

航天飞机返回再入大气层的空气动力学问题，曾经耗费了科学家们多年的心血。空天飞机的空气动力学问题比航天飞机复杂得多。因为飞机速度变化大，

马赫数从 0 变化到 25；飞行高度变化大，从地面到几百千米高的外层空间；返回再入大气层时下行时间长，航天飞机只有十几分钟，空天飞机则为 1~2 小时。

解决空气动力学问题的基本手段是风洞，就连美国暂时也不具备马赫数可以跨越这么大的试验风洞。即使有了风洞还需要做上百万小时的试验，那意味着就是昼夜不停地试验，也需要花费 100 多年。

3 | 一体设计

空天飞机里安装了空气涡轮喷气发动机、冲压发动机和火箭发动机三类发动机。空气涡轮喷气发动机可以使空天飞机水平起飞。当时速超过 2400 千米时，就使用冲压发动机，它使空天飞机在离地面 60 千米的大气层内以每小时近 30 000 千米的速度飞行。如果再用火箭发动机加速，空天飞机就冲出大气层，像航天飞机一样，直接进入太空。

4 | 结构材料

空天飞机需要多次出入大气层，每次都会由于与空气的剧烈摩擦而产生大量气动加热，特别是以高超音速返回再入大气层时，气动加热会使其表面达到极高的温度。机头处温度约为 1800℃，机翼和尾翼前缘温度约为 1460℃，机身下表面约为 980℃，上表面约为 760℃。因此，必须有一个重量轻、性能好、能重复使用的防热系统。

▲ 空天飞机模型

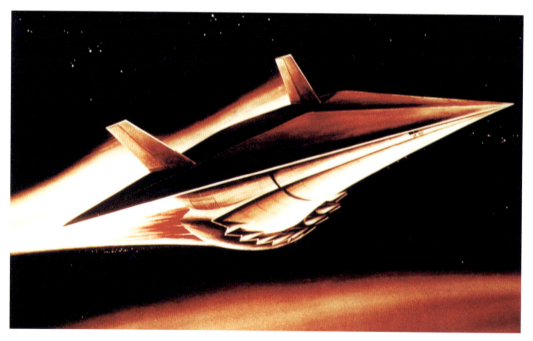

▲ 空天飞机艺术想象图

知识总结

写一写你的收获

 第6章

月球飞越旅游

月球距离地球38万千米。月球旅游的第一种方式是绕月飞行,不着陆,然后返回地球。这种旅行方式可以看到独特的"地升"景象。"阿波罗13号"实现了绕月飞行,并平安返回地球。Space X、太空探险公司等都发布了绕月飞行的计划,你想买一张船票吗?

月球轨道飞越

▶ 自由返回轨道

自由返回轨道指航天器从地球出发，飞到月球的背面，利用月球不规则的引力作用，选择适当的窗口，把轨道扭转转弯，借助月球的特性飞回地球，还要把它准确地送入一个叫返回走廊的窗口，让它能够返回地球。

1959年10月，第一个使用自由返回轨道的航天器是苏联的"月球3号"。它飞到月球背面，拍摄了月球背面的图片，并利用月球的引力把它送回地球，这样它拍摄的照片就可以通过无线电传到地面。

虽然在一个真正的自由返回的轨道上没有推进力，但在实践中可能会有小的中途修正或其他动作。一个自由返回的轨迹可能是在系统故障时允许安全返回的初始轨迹，这是在"阿波罗13号"上使用的。

"阿波罗13号"是阿波罗计划中的第三次载人登月任务，于1970年4月执行。发射后两天，服务舱的氧气罐爆炸，太空船严重损毁，失去大量氧气和

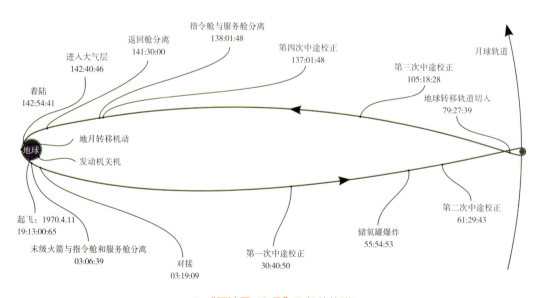

▲ "阿波罗13号"飞船的轨道

电力；三位航天员使用航天器的登月舱作为救生艇。导航与控制系统没有损坏，但是为了节省电力，在返回地球大气层之前都被关闭。三位航天员在太空中面临维生系统损坏所导致的种种危机，但最后仍成功返回地球。

"阿波罗 13 号"在月球表面 254 千米的高空飞越了月球的远端。

左页图所示的"阿波罗 13 号"飞船轨道，也是月球自由返回航天器的代表性轨道。除了苏联的"月球 3 号"和美国的"阿波罗 13 号"外，国外还有一些载人探月计划也意在环月飞行，包括苏联的联盟号 7K-L1 或"探测器"项目，以及美国的几项提议，包括双子座计划和早期的阿波罗计划。

▲ "阿波罗 13 号"的机组人员在他们经过月球时拍摄到的月球，图片中可看到指令舱局部

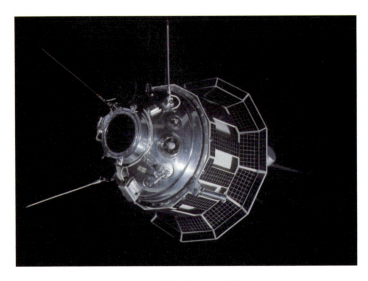

▲ 苏联的"月球 3 号"

▶ Space X 的绕月旅行

2018 年 9 月 18 日，美国私人太空飞行公司 Space X 在官方网站上高调宣称，第一位私人太空旅游的游客，已经和他们签约，这位游客将乘坐大猎鹰火箭绕月飞行。该游客是日本的艺术品收藏家、网络电商创始人、日本富豪榜排名第 14 位的前沢友作（Yusaku Maezawa）。虽然没有透露这次绕月旅游的票价，估计大约为 1.5 亿美元。

前沢友作是一位狂热的艺术爱好者，曾经花 1 亿多美元购买一幅画。相对于买一幅画而言，花 1 亿多美元，去买一趟环绕月球的飞行，其实并不算太烧钱。在首次私人绕月旅游中，前沢友作买了 9 个舱位，包括他自己和 8 位艺术家，有画家、雕塑家、摄影家、音乐人、电影导演、时装设计师、建筑师等。这些艺术家在绕月飞行回来之后，不仅他们个人的知名度和作品价值会提升，甚至还有可能合作创作新的作品。如果这个团队合作拍摄一部大片，创造几千万的票房也是有可能的。

Space X 计划在 2023 年实现首次私人绕月旅行，执行此次任务的是大猎鹰火箭和可重复使用的飞船（BFR+BFS）组合。大猎鹰火箭低地球轨道运载能力超过 100 吨，可重复使用。自从 1972 年 12 月 NASA 执行的"阿波罗17 号"任务之后，再没有航天员访问过月球，所以 Space X 的飞行若按计划

进行，就可以创造历史，并击败 NASA 自己的项目，让航天员重返月球空间。这次绕月飞行的整个过程如下图所示。

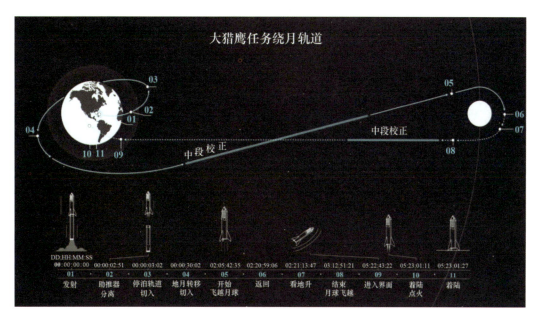

▲ 绕月旅行全过程

1 ｜ 发射与环绕地球阶段

运载火箭点火后不久，飞船进入环绕地球的轨道，即上图中的停泊轨道。在环绕地球飞行时，游客可以尽享地球的美好风光，看到地球的全貌，如同在国际空间站或乘坐飞船环绕地球旅行一样。

2 ｜ 进入地月转移轨道

在飞行途中的点 04（绕月旅行全过程图），飞船切入地月转移轨道，此后飞船渐渐远离地球。在地月转移轨道飞行期间，游客可以由近及远观看地球。刚离开地球时，看到地球特别的大，逐渐远离后，可以看见我们

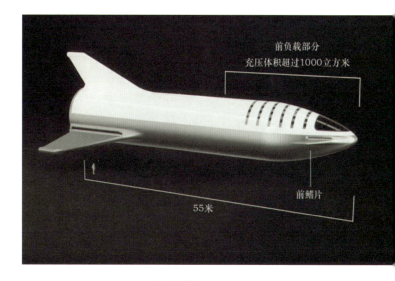

▲ 飞船结构

▲ 火箭和飞船分离

▲ 月球背面

的蓝色星球由大变小。

3 │ 月球飞越

在这次旅行开始两天后，前沢友作和他的团队将掠过月球表面，即绕月旅行全过程图中的 05、06 和 07 点。这是此次旅行最激动人心的时间段。从点 05 开始飞越月球，此时距离月球比较近，可以看到月球正面的特征。因为绕月飞行主要看月球的背面，因此从时间选择的角度看，飞船绕月飞行时应选择背面是白天的时候，在点 06 可以看到月球背面的全貌。月球背面与正面的地形有很大不同，正面地势平坦，而背面则是高山林立，靠近南极还有一

个直径 2500 多千米的艾特肯盆地，月球的最高峰和最低点都在月球背面。由于月球公转周期与自转周期相等，月球始终有一面朝向地球，如果不是借助探月卫星，人类永远看不到月球背面是什么模样。

4 ｜ 看地升

在执行月球任务的 2 天 21 小时后，前沢友作和他的同伴们将会看到地球升起，这是地球在月球上空升起的令人震撼的景象，此景于 1968 年 12 月由美国国家航空航天局的"阿波罗 8 号"航天员首次见证，这也是这次旅行的亮点。在一艘满载艺术家的宇宙飞船上，这一景象可能会激发一些真正超凡脱俗的艺术作品问世。

5 ｜ 返回地球

▲ 从月球看地升

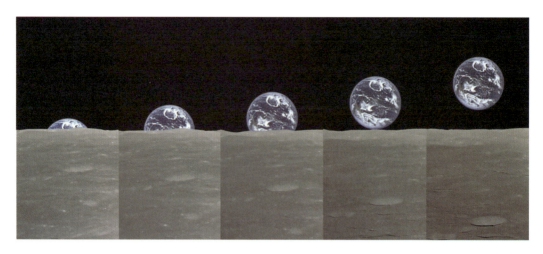

▲ 地升过程（供图：JAXA/NHK）

在执行月球任务的 3 天 12 小时后，是时候离开月球了。飞船将点燃发动机，进行轨道修正，以便返回地球。在绕月旅行全过程图中的点 08，飞船开始渐渐远离月球，旅客此时可以看到渐渐远去的月球，同时，又可以看到逐渐接近的地球。

▲ 轨道修正

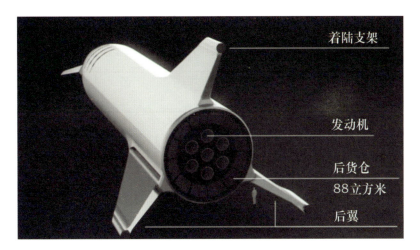

▲ 飞船进入界面

6 ｜ 进入界面

在飞行了 5 天 22 小时后，飞船到达地球附近（绕月旅行全过程图中点 09），飞船开始进入地球大气层，使用其前翼和后翼来引导。这艘巨大的宇宙飞船的艺术渲染图显示了重新进入的表面，其表面的颜色与飞船上闪闪发光的白色船体的其他部分不同，这可能是一些额外的热保护，以防止再次进入高温。

7 ｜ 飞船着陆

根据马斯克的说法，当飞船着陆时将"更像高空跳伞者而不是飞机"。移动的后翼和前翼（它们看起来更像鳍），将在重返大气层时使航天器保持正确的方向，直到使用航天器的引擎着陆。

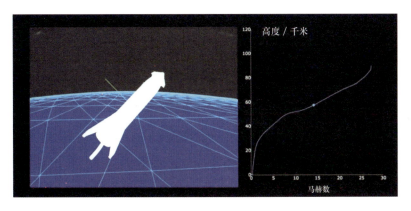

▲ 飞船着陆

环绕月球

▶ "阿波罗 8 号"首航月球

"阿波罗 8 号"是美国阿波罗计划的第二次载人飞行任务，于 1968 年 12 月 21 日发射升空，成为第一个离开地球轨道，到达月球，环绕月球轨道并安全返回地球的载人飞船。三名航天员分别是指令长弗兰克·博尔曼、指挥舱驾驶员詹姆斯·洛弗尔和登月舱飞行员威廉·安德斯。他们成为首次到达地球轨道以外的人类。他们进入了另一个天体（月球）的引力井；环绕另一个天体运动；用他们自己的眼睛直接看到月亮的远端；见证一个地出（地球从月面升起）；逃离另一个天体的引力；重新进入地球的引力井。这一项项首次，为这三名航天员披上了层层光环。1968 年的任务是土星五号火箭的第三次飞行，是该火箭的第一次载人发射，也是第一次从佛罗里达州肯尼迪航天中心发射的载人飞船。

起飞 64 小时后，航天员们开始首次切入月球轨道。这次机动绝对不能出现差错，且基于轨道力学原理，轨道切入必须在月球背面上空进行。那时航天器与地球不能进行无线电联络，在指挥中心进行"去或不去"的讨论后，"阿波罗 8 号"航天员被告知可以进行机动。68 小时 58 分钟，航天器飞到了月球背面上空，与地球失去联系。

飞行 69 小时 8 分钟 16 秒时，服务推动系统（SPS）已燃烧了 4 分钟 13 秒，"阿波罗 8 号"进入月球轨道。三位航天员描述道，这段时间是他们一生中最长的 4 分钟。如果服务推动系统的燃烧时间稍有偏差，航天器很有可能会进入一个过于扁平的月球轨道，以至于无法进入月球轨道而直接飞入太空。如果燃烧时间过长，航天器很有可能坠毁在月球表面。在确定航天器一切正常后，三位航天员终于有时间观测窗外他们即将环绕 20 小时的月球。

在通报航天器状态后，洛弗尔首次对月球表面进行了介绍：

月球基本上都是灰色的，没有颜色；看起来很像石膏或者灰色的沙子。我们可以看清很多细节。丰富海不像在地球上观测的那么明显，它和其他环形山并没有太多的区别。环形山都是圆的，数量不少，看得出有些较年轻。许多环形山都很相像，尤其是那些圆形的，好像有某种陨石的痕迹。郎格尔努斯坑看上去很大，中间有一个锥形的突出块。它的边缘有堆积的阶地，约有6~7层。

"阿波罗8号"的主要任务之一就是勘察计划中的登月点，尤其是"阿波罗11号"的登月计划点静海。"阿波罗8号"的发射时间考虑到了到达静海时的阳光情况。有一部专门的摄像机被安置在一扇窗前，以1帧/秒的速度拍摄月球表面。由于"阿波罗8号"未携带登月舱，登月舱驾驶员安德斯的主要任务就是拍摄尽可能多的有价值的照片。任务结束时，三位航天员总共拍摄了700张月球照片以及150张地球照片。

"阿波罗8号"第四次进入月球背面时，三位航天员第一次看到了"地出"的景象。安德斯看见窗外有一个蓝白相间的球体，发现那是地球。三位航天员立刻意识到他们应该用相机将此情景拍摄下来。安德斯拍摄的第一张照片是黑白的，后来又拍摄了更著名的彩色"地出"照片。任务结束后，安

▲ 从"阿波罗8号"看到的地球

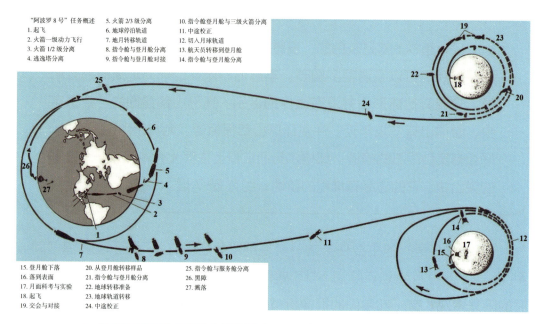

"阿波罗 8 号"任务概述
1. 起飞
2. 火箭一级动力飞行
3. 火箭 1/2 级分离
4. 逃逸塔分离
5. 火箭 2/3 级分离
6. 地球停泊轨道
7. 地月转移轨道
8. 指令舱与登月舱分离
9. 指令舱与登月舱对接
10. 指令舱登月舱与三级火箭分离
11. 中途校正
12. 切入月球轨道
13. 航天员转移到登月舱
14. 指令舱与登月舱分离
15. 登月舱下落
16. 落到表面
17. 月面科考与实验
18. 起飞
19. 交会与对接
20. 从登月舱转移样品
21. 指令舱与登月舱分离
22. 地球转移准备
23. 地球轨道转移
24. 中途校正
25. 指令舱与服务舱分离
26. 黑障
27. 溅落

▲ "阿波罗 8 号"飞船的完整轨道（不是尺寸大小，虚线表示通讯中断处）

德斯和博尔曼都声称自己拍摄了第一张地出照片（洛弗尔也这样声称，但更多是以玩笑的口吻），安德斯被认为是第一张地出照片的拍摄者。

▶ 太空探险公司的月球旅行计划

太空探险公司（Space Adventures）是一家美国的太空旅游公司，1998年成立于弗吉尼亚。截至 2010 年，太空探险公司产品包括零重力飞行、轨道航天飞行和其他有关飞行，其中包括航天员训练、太空行走训练和太空旅游。2001 年 4 月和 2002 年 4 月，太空探险公司协助美国富商丹尼斯·蒂托和南非富豪马克·沙特尔沃思成功实现了到太空旅行的梦想。

太空探险公司为未来的月球旅行任务提供预订，包括在月球轨道上绕月飞行。截至 2007 年，每个座位的定价为 1 亿美元。这次任务将使用两艘俄罗斯运载火箭。联盟号火箭发射一个联盟号太空舱到近地轨道。一旦进入轨道，这个"载人飞船"将与另一个不载人的月球推进模块对接，该模块将为环月的行程提供动力。这个任务将持续 8—9 天，包括（大约）2 天在地球轨道上与推进阶段对接，5 天到达月球轨道，45 分钟观察月球，2 天返回地球。2011 年，太空探

险公司宣布，他们以 1.5 亿美元的价格出售了月球航行的一个座位，并正在就出售第二个座位进行谈判。他们不会透露这张票是谁的名字，但声称他或她是众所周知的。到 2014 年，他们声称已经有两个人愿意花费 1.5 亿美元购买座位。

目前，太空探险公司对第一次绕月飞行任务作了以下介绍：

> 目前全世界只有 24 人离开地球轨道，到月球附近旅行。最后一个在月球上行走的人是吉恩·塞尔南和哈里森·施密特，他们于 1972 年 12 月 14 日离开月球表面，乘"阿波罗 17 号"飞船返回地球。从那以后，再没有人靠近月球飞行。但是，我们将改变这种状况。
>
> 使用经过验证的俄罗斯太空飞行器，我们将让两名游客和一名专业航天员飞往月球，并到达月球远端，然后沿自由返回轨道回到地球。如果你选择加入这个环月任务，你将会看到月球的远端，然后见证地球在月球表面升起的惊人景象。
>
> 这一使命是一个独特的机会，能让一个人成为 21 世纪最伟大的探险家之一。欢迎你加入我们这个时代最伟大的私人探险，飞到月球表面 100 千米以内，成为 40 多年来第一批离开近地轨道的人之一。

知识总结

写一写你的收获

第 7 章

历史上的载人登月

月球旅游的第二种方式是载人登月。从1969年7月到1972年12月，阿波罗计划先后6次成功登月，将12名航天员送上月球。1969年7月21日，阿姆斯特朗成为第一个踏上月球的人。

阿波罗计划

▶ 阿波罗计划及执行情况

阿波罗计划（Project Apollo）是 NASA 1961—1972 年执行的一系列载人航天任务，在 20 世纪 60 年代的 10 年中，主要致力于完成载人登陆月球和安全返回地球的目标。1969 年，"阿波罗 11 号"飞船完成了上述目标，尼尔·阿姆斯特朗成为第一个登月之人。为了进一步执行在月球上的科学探测，阿波罗计划一直延续到 20 世纪 70 年代早期。

从 1969 年 7 月到 1972 年 12 月，美国先后有 6 艘飞船成功登月，把 12 名航天员送上月球并安全返回地面，将总重为 381.7 千克的月球矿石带回地球。

"阿波罗 17 号"是阿波罗计划中的第十一次载人任务，是人类第六次也是迄今最后一次成功登月的航天任务。"阿波罗 17 号"是阿波罗计划中唯一一次夜间发射的任务，也为阿波罗计划画上了句号。阿波罗计划中的唯一一位科学家、地质学博士哈里森·施密特在"阿波罗 17 号"中担任登月舱驾驶员。他与吉恩·塞尔南在三次月球行走时收集了 111 千克岩石标本。"阿波罗 17 号"创造了阿波罗计划中的很多纪录，包括最长登月飞行、最长月表行走时间、最多月球标本、在月球轨道中航行了最长时间。在即将结束最后一次登月任务之前，指令长吉恩·塞尔南在登月舱前说道：

> 在我们离开月球的陶拉斯－利特罗山谷时，我们来过这里，我们现在要离开这里；如果情况允许的话，我们还会带着全人类的和平与希望回到这里的。在我迈出离开月球的脚步时，我想说，愿"阿波罗 17 号"一路平安。

阿波罗计划详细地揭示了月球表面特性、物质化学成分、光学特性并探测了月球重力、磁场、月震等，在科学上获得 10 项重大发现。后来的天空实验室计划和美国、苏联联合的阿波罗－联盟测试计划也使用了原来为阿波罗建造的设备，也被认为是阿波罗计划的一部分。

阿波罗计划取得了巨大的成功，但计划中也有过几次严重的危机，包括"阿波罗 1 号"测试时的大火造成维吉尔·格里森、爱德华·怀特和罗杰·查菲的死亡；"阿波罗 13 号"的氧气罐爆炸以及阿波罗—联盟测试计划返回大气层时排放的有毒气体，几乎使执行任务的航天员丧命。

▲ 阿波罗任务的徽标

▶ 阿波罗飞船

阿波罗飞船由指令舱、服务舱和登月舱三部分组成。在组装运载火箭时，多附加了两个部件在飞船上：一个是飞船登月舱适配器，旨在使登月舱免受发射的空气动力压力，并将服务舱与土星运载火箭连接起来；还有一个是逃逸塔，在发射出现紧急情况下，可让机组人员从运载火箭上安全离开。

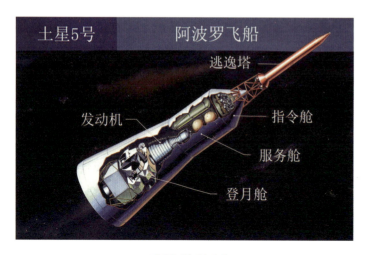

土星5号　　阿波罗飞船

逃逸塔

发动机　　　　　　　　指令舱

服务舱

登月舱

▲ 发射时各舱次序

　　飞船发射的顺序为：登月舱在最下面，处在整流罩内；登月舱之上是服务舱；指令舱则要与最上面的逃逸塔紧密连接，以便在发射阶段发生危险时，由逃逸塔把指令舱与运载火箭分离，并飞出危险区。到了外层空间，已经没有大气，登月舱不再需要防护，与指令舱顶端对接起来，使航天员能够进入登月舱，并使指令舱、服务舱的主发动机喷嘴暴露在外，启动时不至于受到登月舱的阻碍。因此，当飞船飞向月球时，必须进行转位，即调整飞船在发射时的位置顺序，并与第三级火箭脱离。飞向月球时飞船各部分的顺序为：登月舱在前，指令舱、服务舱在后。

燃料箱

航天员

发动机喷嘴

服务舱

小发动机

指令舱

气体箱

梯子　　燃料箱

从地球到月球大约用3天　着陆点

"阿波罗11号"任务全过程

对接通道　上升级

腿和垫

下落级

舱口

下落发动机

航天员在月面

▲ 飞向月球时飞船各部分的顺序

指令舱和服务舱在绝大多数时间都连接在一起，只是在飞船返回进入大气层时，指令舱才与服务舱分离。

指令舱：是阿波罗飞船的主要控制中心以及三名航天员的生活区域。其中包含加压的主船员舱、航天员的卧椅、控制仪表板、光学电子导航系统、通信系统、环境控制系统、电池、防热盾、反推力系统、前端对接舱口、侧舱门、五个窗口以及降落伞回收系统。指令舱是整个阿波罗飞船及土星运载火箭中唯一完好返回地球的部分。

指令舱是一个截锥体，3.23米高，直径3.91米。前舱有两个反应控制引擎，对接通道以及地球着陆系统的组成部分。

服务舱：未加压的服务舱包含一个主要的服务推进引擎、进出月球轨道所需的推进器、一个能进行姿态控制及平移能力的反推力系统、含有氢氧反应物的燃料箱、发散余热至太空中的散热器以及一个高增益天线。燃料箱除了含有供人呼吸的氧气外，也产生水供饮用。"阿波罗15号"、"16号"及"17号"的服务舱，还带有科学仪器模组，当中有绘图相机以及一个小型的子卫星以作研究月球之用。占整个服务舱绝大部分的推进器及主火箭发动机有多次重新启

▲ 指令舱和服务舱（右上角显示分离后情景）

▲ 指令舱内部

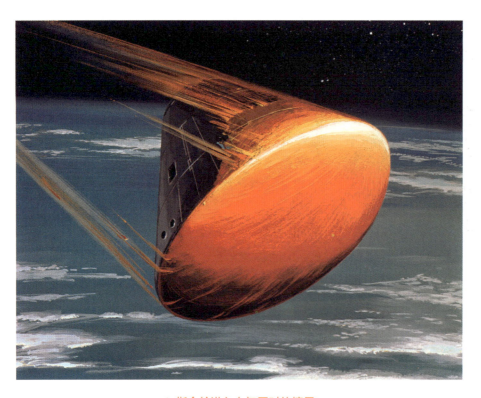

▲ 指令舱进入大气层时的情景

▲ 降落在月球表面的登月舱

动的功能，使阿波罗飞船能够进出月球轨道以及在往返地球与月球之间进行航线修正。在整个任务期间，服务舱一直都与指令舱相连，直到返回时在进入大气层之前才被丢弃。

服务舱整体是一个非加压的圆柱形结构，长 7.49 米，直径 3.91 米，重约 25 吨。服务舱的前端与指挥舱对接，后端有推进系统主发动机喷管。主发动机用于轨道转移和变轨机动。姿态控制系统由 16 台火箭发动机组成，它们还用于飞船与第三级火箭分离、登月舱与指挥舱对接和指挥舱与服务舱分离等。

登月舱：主要任务是从月球轨道上将两名航天员送到月面；支持月球上的探险活动和各项科学实验的安置；运送航天员和所采集的月球样品返回月球轨

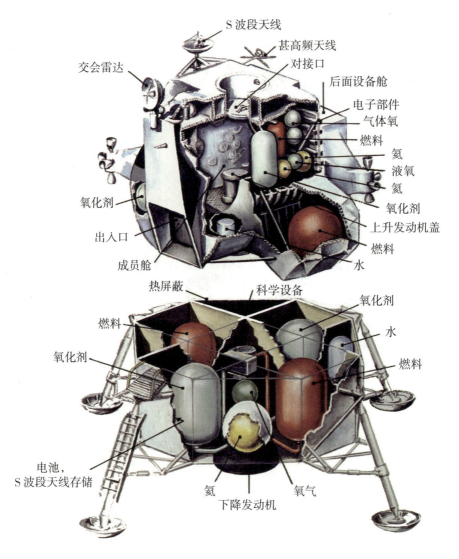

▲ 登月舱结构

道上的母船（指令舱与服务舱）。基于其任务要求，登月舱由下降舱和上升舱组成，最大高度约 7 米，它的 4 只支脚延伸时的直径约 9.5 米，航天员可住容积 4.5 立方米，登月舱的地面起飞重量 14.7 吨（含火箭燃料），净重量 4.1 吨。登月舱的 4 根可收缩的悬臂式登月支柱支撑整个登月舱，飞行期间这 4 根支柱都收起来。登月舱的下降级由着陆发动机、4 条着陆腿和 4 个仪器舱组成；登月舱的上升级为登月舱主体，由航天员座舱、返回发动机、推进剂储箱、仪器舱和控制系统组成。航天员座舱可容纳 2 名航天员（但无座椅），有导航、控制、通信、生命保障和电源等设备。

"土星 5 号"运载火箭是阿波罗计划的重要组成部分，其主要任务是将阿波罗飞船送入地月转移轨道。1967—1973 年共发射 13 次"土星 5 号"运载火箭，其中 6 次将阿波罗载人飞船送上月球。

"土星 5 号"运载火箭由第一级（S-IC）、第二级（S-II）、第三级（S-IVB）、仪器舱、发射逃逸救生系统等组成。第一级直径 10.06 米，采用液氧煤油推进剂，动力装置由 5 台 F-1 大推力发动机组成。第二级直径 10.06 米，采用 5 台氢氧发动机，储箱共底。第三级直径 6.6 米，使用 1 台 J-2 发动机，储箱共底。"土星 5 号"运载火箭的最大直径为 13 米，全长（高）111 米，起飞重量 2946 吨，低地球轨道运载能力为 127 吨，逃逸轨道运载能力为 48.8 吨。

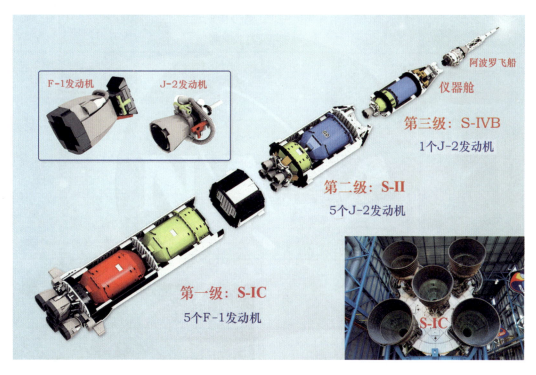

▲ "土星 5 号"运载火箭的结构

1号	4号	5号 6号	7号	8号	9号	10号

1967 年 1 月 27 日，航天员在一次演练中因火灾事故身亡。

无人测试飞行

1968 年 10 月 11 日，阿波罗 7 号进行第一次载人飞行，3 名航天员绕地球飞行了 163 圈。

1968 年 12 月 21 日，阿波罗 8 号从绕地球轨道进入绕月球轨道，后安全返回地球。

是第一艘搭载登月舱的飞船，在绕地球轨道上进行了长时间飞行，并对登月舱进行检验。

飞绕月球轨道，并使登月舱下降到离月球表面 15 千米以内。

11号	12号	13号	14号	15号	16号	17号
1969年7月16日发射，首次成功登月，第一位踏上月球的航天员是阿姆斯特朗。	1969年11月14日发射，成功登月。	1970年4月11日发射，因服务舱液氧箱爆炸中止登月任务，三名航天员驾驶飞船安全返回地面。	1971年1月31日发射，成功登月。	1971年7月26日发射，航天员在月球表面停留了三天，在登月舱外的时间总长为18.5小时。	1972年4月16日发射，成功登月。	1972年12月7日发射，成功登月，是阿波罗计划最后一次任务。

阿波罗计划——飞向月球的历程

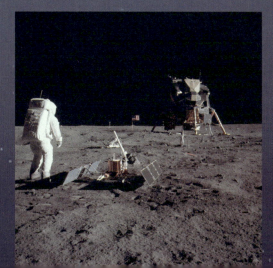

载人登月

▶ 飞船飞行任务流程

1 | "土星5号"运载火箭第一级点火，并将飞船送至62千米的高度，之后第一级分离。

2 | 第二级点火，9分钟后把飞船送至174千米的高度，之后第二级分离。

3 | 第三级火箭首次点火，将飞船送至190千米的近地轨道；主要系统完成检验，第三级火箭再次点火，将飞船送至地月转移轨道。在抛弃第三级火箭之前，飞船指令舱、服务舱与火箭分离，掉头与登月舱对接，重新改变方向后飞向月球，随后抛掉火箭第三级。

4 | 在地月转移轨道上飞行2.5天，并经中途轨道修正后接近月球。

5 | 服务舱主发动机点火制动减速，使飞船进入环月轨道。

6 | 指令舱内的三名航天员中有两名通过与登月舱的对接通道进入登月舱，另一名仍负责驾驶指令舱、服务舱。登月舱与指令舱、服务舱分离。

7 | 登月舱下降级发动机点火，使登月舱下降至月面。

8 | 航天员出舱，开展月面科考活动。

9 | 航天员完成月面活动之后，乘坐登月舱上升级返回环月轨道，下降级留在月面上。

10 | 上升级在环月轨道上与指令舱和服务舱对接，航天员进入指令舱和服务舱，抛弃登月舱上升级。

11 | 服务舱发动机点火，进入月地转移轨道。

12 | 飞船返回到距离地球约640千米，服务舱发动机点火制动，离开月地转移轨道进入返回地球的载入走廊，随后指令舱与服务舱分离。

13 | 指令舱采取两次载入大气层的方式（打水漂方式），消耗其高轨道能量，保证落点精度。

▼ "土星 5 号" 运载火箭起飞

14 指令舱在大气层中减速，进入低空后弹出 3 个降落伞，在太平洋夏威夷西岸降落。

▶ 月面活动

航天员在月球表面的活动主要包括采集样品、安装科学仪器、开展科学实验、地质考察、拍摄图片、观天测地等。

1 采集样品。这是每次登月都要进行的工作。从科学研究的角度看，样品应具有一定的代表性，包括样品的种类和采集地点。

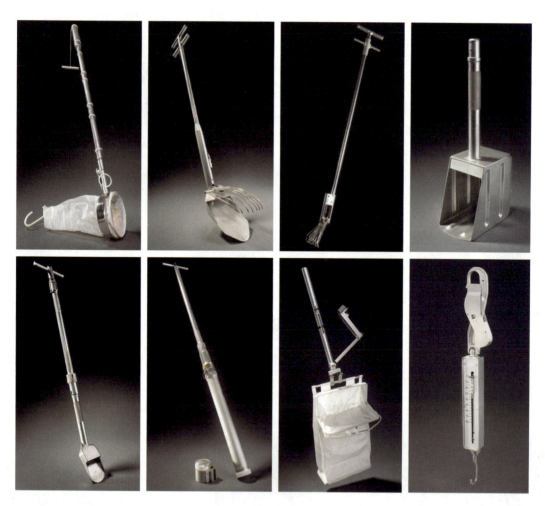

▲ 收集月壤的工具

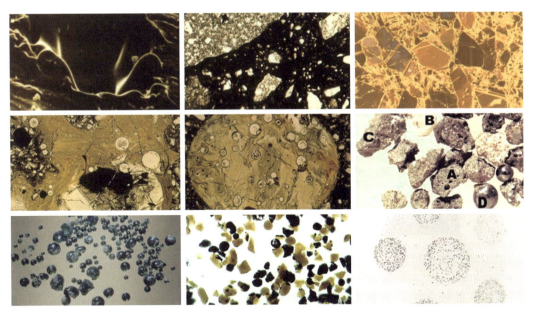

▲ 部分岩石和月壤样品

2 | 科学实验。阿波罗航天员所开展的科学实验内容是非常丰富的，实验内容包括：激光测距实验、被动地震试验、太阳风成分试验、热流实验、喷射物和陨石实验、地震断面实验、大气成分实验和表面重力测量试验等。

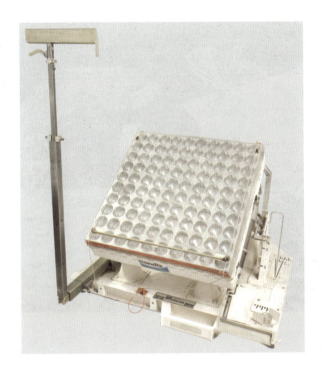

◀ 激光测距反射器

▲ "阿波罗 15 号"航天员做地震试验

3 | 地质考察。地质考察的内容也是丰富多彩的，包括研究各种类型陨石坑的地质特征、火山口的特征、钻取岩芯、局部与全景拍照、月表电性试验、山坡的重力剖面测量等。

4 | 浏览月球特殊的地形地貌，如深的陨石坑和峭壁等。

5 | 参观历史上留在月面上的一些着陆器，如阿波罗登月舱、月球车和其他着陆器。

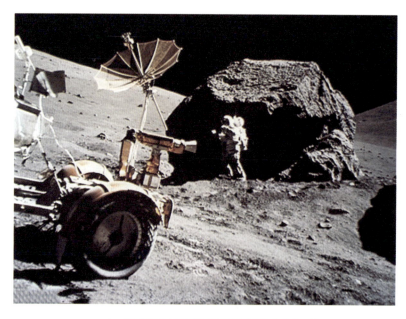

▲ "阿波罗 17 号"航天员做地质考察

知识总结

写一写你的收获

第8章

未来的月球**基地**
与月面旅游

在不久的将来，月球将成为人类探索更远天体的基地和中转站。在月球表面建立基地一直是人类的梦想。月球基地需要解决防辐射、材料利用、能源、导航等一系列问题，为航天员的长期居住提供保障。也许在不久的将来，我们可以成为月球村落中的一员，在那里种菜养花，还可以进行科学考察。

初级月球基地

▶ 月球基地概念的由来

月球基地是建立在月球表面、能保障航天员长期生活和工作的可居住设施。建立月球基地的目的不仅仅是为了科学探索，更重要的是扩展人类在地球以外的居住空间，并逐步到达太阳系的其他星球。也许达到这个目标所需的时间很漫长，但人类凭着顽强的探索精神，总有一天会陆续到达地球以外的一些值得探索的天体上。

月球基地的概念最早是由科学幻想作家在 20 世纪初提出的。英国行星学会（BIS）于 1933 年成立后，主要探索将人送到月球表面的方法，并首次提出了月球飞船的设想。BIS 理事长甚至撰文写到，尽管月球的环境是极端恶劣的，但在那里建立一个前哨是可能的。20 世纪 50 年代，BIS 会员发表了许多关于月球基地计划和发展的论文，涉及运载工具、月球基地结构、月球资源利用和在月球上耕种等许多问题。

20 世纪 50 年代末期，美国军方开始对月球基地感兴趣，并提出了"地平线计划"，深入、全面地阐述了月球基地的技术设计。按照这个计划，月球基地由 10 个部分构成，其中有 3 个是气闸舱。整个基地需要运送 245 吨材料和设备。基地所需的电源是 4 台功率分别为 60、40、40 和 5 千瓦的核反应堆。准备往月球运送 12 名航天员，先期到达的 3 名航天员的主要任务是研究月球表面环境，选择基地位置；在后面的 9 人到达后，用 15 天的时间建设营地。虽然"地平线计划"没有执行，但为后来的"阿波罗"计划打下了基础。

NASA 在 1969 年公布了"美国在空间的下一个 10 年"的报告，该报告建议在"阿波罗"计划后分三个阶段建设月球基地，但这个报告所提出的建议没有被采纳。20 世纪 70 年代，美国还有一些研究机构和大学提出了月球基地研究计划。

美国于 1981 年发射第一架航天飞机后，对月球基地的研究再次升温。

1984 年 10 月在华盛顿召开了"21 世纪的月球基地与空间活动"学术会议。1986 年，美国总统罗纳德·威尔逊·里根提出，美国重返月球不只是短暂探索，而是要长期、系统地探索，并逐步停留在那里。1987 年美国宣布成立一个办公室，协调"人类在地球以外存在"的活动。同年，NASA 提出了在 2010—2030 年，人类将在月球表面生活和工作几个月的建议。1989 年 7 月 21 日，美国总统乔治·沃克·布什启动了"太空探索开创"计划（SEI），该计划提出美国应承担起重返月球的义务，SEI 被称为"斯坦福报告"。虽然美国第 42 任总统威廉·杰斐逊·克林顿后来取消了 SEI 计划，但人类重返月球和载人探测火星的研究一直在进行。

1992 年，欧洲空间局（ESA）公布了"奔向月球"的报告，提出了在月球上进行各种科学研究的可能性。

1994 年在瑞士召开了第一次国际月球研讨会，ESA 在会上散发了"月球计划"的小册子，描述了人类分四个阶段建立月球基地的计划。虽然 ESA 的这个计划没有执行，但这次会议促使"国际月球探索工作组（ILEWG）"的成立。中国于 2006 年在北京承办了第八次 ILEWG 会议。

2004 年 1 月 14 日，美国总统乔治·沃克·布什宣布了美国的"星球计划"，这个计划包括重返月球和在月球上建立长期基地。此后，有关月球基地的研究进入了实质性的阶段。尽管美国第 44 任总统贝拉克·侯赛因·奥巴马后来终止了"星球计划"，但国际上对月球基地的研究仍在继续。

2018 年 2 月 13 日，NASA 公布的总统预算草案显示：2022 年，NASA 将向月球轨道发射动力和推进装置，这将成为月球轨道站（月球轨道平台门户，Lunar Orbital Platform-Gateway）的基础。建立月球轨道平台门户的目的之一是为了探索月球。但美国究竟怎样探索月球，目前还没有明确计划。

月球基地的基本功能是保障航天员安全地生活，在此基础上，逐渐增加科学实验设备，扩展科考的范围；更高的要求是建立生产设施，利用月球资源，就地生产氧气、水和建筑材料等。因此，月球基地的构成应包括基本模块和生产设施。

基本模块包括居住区、气闸舱、生命保障系统、电源供应系统、实验室、科学观测设备、通信导航系统、科学器材、辐射屏蔽、存储设备、发射和着陆

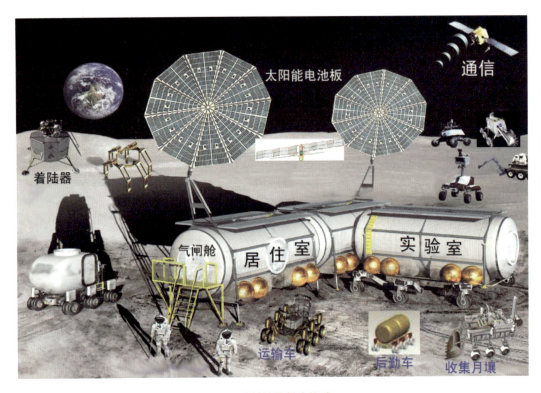

▲ 月球基地的基本构成

设备以及运输系统。

居住区有刚性模块和可伸展模块两种形式。刚性模块内部充有一个大气压强的空气，内部结构和设备的大部分甚至全部是在地球上完成的，然后送到月球上。刚性模块的优点是立即可用，而且可以利用空间站的技术，主要缺点是因运输的困难，体积和重量都受到限制。可伸展模块在发射时可以折叠，送到月球后再展开，这样就不受发射和运输时体积的限制。

气闸舱是居住区内部和月球表面之间的界面，功能类似于空间站的气闸舱。生命保障系统的主要目标是保障乘员具有合适的生存和工作环境。

生产设施和设备包括采矿设施与设备、化学处理设备、机械设备、电子设备、制造设备、生物学生产设备（蔬菜种植和动物饲养等）。

在月球基地建设的初期，基地基本上是模块式的，主要部件在地球制造，在月面组装。

▶ 充气结构的月球基地

充气式结构是一种重要的基地形式，其特点是结构简单、建设快。适合于月球基地初期阶段，也适用于月球旅游。

美国毕格罗公司曾提出充气式月球基地的设想，目的是发展月球旅游。NASA 提出了充气式月球基地的设想。

▲ 充气式月球基地

◀ NASA 建造的充气式月球基地模块

▲ 充气式月球基地设想图

舱段式结构也是在地球上生产，然后运送到月面后组装的，下图给出由两个可移动的模块组合在一起的基地。

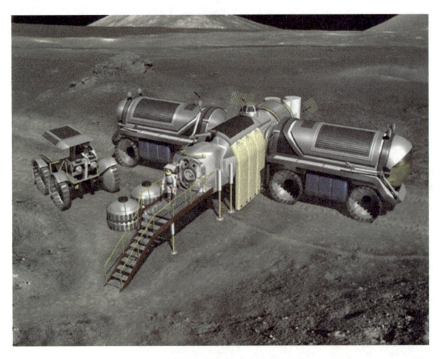

▲ 由两个可移动的模块组合在一起构成的较大基地

▶ 3D 打印的月球基地

建设月球基地遇到的一个难题是材料。因为月球距离地球 380 000 千米，如果建设基地的材料都从地球运往月球，那么成本太高。如果能利用月球资源，就地取材，就可以大大降低成本。可是，目前月球资源的就地利用还没有进行充分的研究，哪些物质可以作为资源、怎样利用这些资源，都处于设想阶段。

近些年来，3D 打印技术发展迅速，有些学者建议，如果将这项技术应用于月球基地建设，不仅建设速度快，而且可以充分利用月壤资源。

3D 打印技术（3D printing）即快速成型技术，它是一种以数字模型文件为基础，运用粉末状金属或塑料等可粘合材料，通过逐层打印的方式来构造物体的技术。过去在模具制造、工业设计等领域将该技术用于制造模型，现正逐渐用于一些产品的直接制造，特别是一些高价值产业（比如髋关节或牙齿，或一些飞机零部件）已经有使用这种技术打印成的零部件。

3D 打印技术出现在 20 世纪 90 年代中期，利用的是光固化和纸层叠等技术的快速成型装置。它与普通打印机工作原理基本相同，打印机内装有液体或粉末等"打印材料"，与电脑连接后，通过电脑控制把"打印材料"一层层叠加起来，最终把计算机上的蓝图变成实物。打印机通过读取文件中的横截面信息，用液体状、粉状或片状的材料将这些截面逐层地打印出来，再将各层截面以各种方式粘合起来从而制造出一个实体。这种技术的特点在于其几乎可以造出任何形状的物品。

2015 年 12 月，ESA 公布月球首个人类基地的蓝图，声称未来机器人完全可使用月球土壤建造人类基地。由机器人建造的月球基地建筑物可容纳 4 人居住，能够抵御陨石碰撞、伽马射线辐射和显著温差变化的影响。

下页上图所示的月球基地模型是由 ESA 采用最新 3D 打印技术建造的，能够将月球土壤转变成供人类居住的穹顶住宅。该模型是 ESA 和欧洲一家建筑公司共同设计完成的，将为人类移居月球奠定基础。同时，专家表示，未来 40 年内将实现人类移居月球表面的计划。

用于建造月球基地的 90% 材料在月球上都已存在，只缺少机器人和轻重量部件，如充气部件、固体连接器和嵌入部件，这些必须从地球上运送过去。

▲ ESA利用3D打印技术建造的月球基地设想图

极少量的组件需要在地球制作成管状结构，由太空火箭进行运送。

为了保证建筑物的强度，以及最小化使用"结合墨水"，建筑物的外层是由类似泡沫的中空密闭微孔结构制成。参与模型建造的建筑公司表示，作为一项测试，该建筑模型采用本地可持续使用的材料建造，用于抵御地球极端气候。这与未来在月球建造真实的人类基地十分接近。

建筑外层的中空密闭微孔结构类似于鸟类骨骼，实现了强度和重量的完美结合。同时，他们指出月球土壤可做成浆状，形成一种实心砖结构，以每小时2米的速度用于建造墙壁。

基于3D打印的概念构建的多圆顶月球基地，一旦组装完毕，膨胀的穹顶上就会被机器人覆盖在3D打印的月球表面上，以保护居住者免受空间辐射和微流星体的伤害。

月球基地首先从一个可以很容易通过火箭运输的管状模块中展开。然后，

一个充气穹顶从这个圆柱体的一端延伸出来，为建筑提供一个支撑结构。然后，由机器人操作的 3D 打印机在穹顶上建造一层层的风化层，以形成一个保护壳。

▲ 机器人正在建设基地

▲ ESA 和合作伙伴使用这种 3D 打印机打印出一个可能的月球家园

▼ 多圆顶月球基地

▶ 月球基地配套设施

前面我们概括地介绍了目前建立月球基地的两种方法，即充气式和 3D 打印式。事实上，月球基地是一个很大的系统工程，把"房子"建成后，还要有许多"后勤保障"。目前，国内外学者在这方面已经开展了大量的研究，并取得了一些成果。

1 | 再生环控的生保系统

月球基地生命保障系统（CELSS）的主要目标是保障乘员具有合适的生存和工作环境。系统的构成包括：

大气控制：包括成分控制、温度和湿度控制、压强控制、大气再生和污染控制等，统称为环境控制与生命保障系统。

水管理：饮用水的供应、废水处理、食品的生产和存储。

医学和安全方面，包括辐射屏蔽。

2 | 多种形式的热量调控

月球基地热控系统的基本任务是将居住场所的温度维持在人感到舒适的范围内。由于月球表面的日夜温差很大，热控问题是一个具有挑战性的问题。

根据热力学的基本原理，热传递有传导、对流和辐射三种方式。由于月球没有空气，月壤的热导率很低，辐射就成为主要的热传递形式。另外，物体还吸收外界（主要是太阳）的热量。一个物体的温度由该物体辐射出的热量和吸收的热量决定。

月球基地的热控制系统可分为被动热控制系统（PTCS）和主动热控制系统（ATCS）两种类型。被动热控制系统是指利用绝热物质减少月球基地设备对热量的吸收，也可以在设备外部加涂层材料，改变对入射热量的反射和吸收特性。如果对热控制系统的温控效果要求较高，就需要采用主动热控制系统。所谓主动热控制系统，意思是具有某种类型的流体循环环路，允许对流热输送以增强传导和辐射。主动热控制系统由内部热控制系统（ITCS）、外部热控制系统（ETCS）以及两者之间的界面构成。内部热控系统的作用是调节机组人员居住区的温度，使其维持在合适的范围内；外部热控系统的任务是将来自内部热控系统的热量通过液体环路排放到外面，主要装置是各类热辐射器。

3 | 至关重要的能量存储

月球基地的电源系统可划分为两种基本类型：太阳能与核电源。除了直接使用这两种类型外，还包括各种类型的存储能源及辐射能源。太阳能电源系统包括光电池和太阳热系统两种类型。

光电池的主要优点是直接将太阳能转换为电能，目前在各类航天器上已经得到广泛的应用，技术比较成熟。应用在月球基地时，太阳能电池可以安装在月球车上，也可以固定在基地附近。

太阳热系统包括热电偶和太阳动力系统两类。热电偶是广泛使用的一种热—电转换装置，其优点是结构简单，缺点是热电转换效率低，一般在 5%~8%。太阳动力系统的工作流程是先将太阳能聚集在热接收器上，然后将热量输送到热电转换器，后者将热能转换为电能。与光电池技术相比，太阳动力系统获得高的功率（大于 100 千瓦）。这种系统虽然还没有应用到空间技术中，但模拟空间条件证实系统转换效率为 17%。

▲ 立在空中的太阳电池

核电源主要有三种类型：放射性同位素电源、核反应堆以及核聚变电源。但在空间应用中，目前只有放射性同位素电源。

放射性同位素电源是利用放射性同位素在衰变过程中所释放出的热能，再把热能直接转化为电能的一套装置，故又称发射性同位素热点电源（RTG）。RTG功率高，寿命长，工作稳定可靠，

▲ 安装在月面上的太阳电池

环境适应能力强，便于空间活动使用。RTG 一个突出的优点就是不依赖阳光，可在阴影周期性变化的地球轨道、在黑夜长达 14 天的月球表面、在温度从 140℃ 下降到零下 180℃ 的太空、在离太阳很远因而阳光很弱的外层空间都能正常运行。

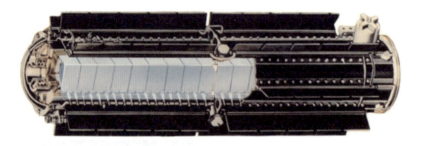

▲ RTG 内部结构

▲ 用在卡西尼飞船上的 RTG 外形，是目前在飞船上最大的 RTG

美国已经发射成功 21 艘载有 RTG 的航天器，其中 8 艘为不同类型的人造卫星，用于地球轨道飞行；5 艘为登月飞船，用于"阿波罗"计划；8 艘为星际探测器，用于外层行星探索。总计使用了 38 台 RTG，不包括发射失败的 3 艘航天器携带的 RTG。苏联也向空间发射过 RTG 供卫星与月球车使用。近年来俄罗斯也在积极开发寿命更长的放射性同位素电源。

目前 RTG 制造工艺趋于成熟，早期采用过钋 -210，后来绝大多数采用

钚 -328（半衰期 87.7 年）作为燃料，电功率为 1~500 瓦，使用寿命达 10 年。热电效率 8%~10%，比功率已达到 5 瓦 / 千克。近年来为了提高装置的热电转换效率，除继续改进静态同位素发电体系外，已经开始发展由"通用型热源组件"与"封闭的布莱顿循环"相结合的动态同位素发电系统（DIPS）。它所提供的电功率范围为 1~10 千瓦，热电转换效率达 25%，可为众多现实和潜在的应用提供服务，如为军用卫星、星际探测、深空飞行、火星与月球越野车提供动力等。

放射性同位素空间电源目前的功率还较小，因而不断提高电源的热电转化效率是问题的关键。此外，空间应用的放射性同位素电源大多用钚 -328 作为热源燃料，用量较大，而且具有潜在的危害性，必须保证电源设计在火箭升空时承受各种空气力学冲击，即使在重返大气层时，也不致造成放射性物质对地球生物圈的污染。

如果基地不设在极区，核反应堆能在长达 14 天的月夜提供电能。如果按照地球上的衡量标准，这种反应堆可能是微不足道的，只有 40 千瓦。

▲ 月球基地用的核反应堆，顶部的板是辐射器，用于散去额外的热量。
为了保护航天员免遭反应堆的辐射，反应堆要设置在距离基地一定距离外，另外需要用月壤等材料屏蔽。

4 ┃眼花缭乱的月面运输

月球基地运输系统的任务是货运飞船着陆后，将货物送到指定地点。另外还包括在月球表面有关地点之间的货物与航天员运输。基本设施包括月面着陆场和各类月球车。

▲ 月面着陆场

▲ 航天员从着陆舱卸货，货物卸下后，由月球车将货物运送到指定地点。

与阿波罗月球车不同的是，月球基地的运输工具将载重矿物和货物等，因此要求有更大的运输能力。这样，对轮胎和车辆的设计以及所使用的材料都提出了新的要求。

从类型上来说，月球车应包括充压车和不充压车。航天员乘坐充压车旅行时，不用穿舱外航天服。乘不充压车时需穿舱外航天服，这类车主要用于运送货物。下图给出两种月球车，左图是充压车，右图是不充压车。

▲ 月球车

实际上，在建设月球基地的过程中以及月球基地建成后，需要多种形式的月球车，如运送建筑材料的、运送月球样品的以及运送航天员的月球车。

▲ 运输材料的月球车

▲ NASA 研制的可跨越障碍的月球车

◀ NASA 的小型加压车，具有侧向和旋转的"蟹状"运动能力

5 ｜ 初具规模的导航通信

在月球基地建设的初级阶段，导航和通信也初具规模。月面上设有 2 个通信终端，终端 2 是终端 1 的备份，可以直接将数据传回地球。月球中继卫星可将来自月球表面科考站、居住区以及月球车的数据传回地球。下图是整个通信系统示意图。

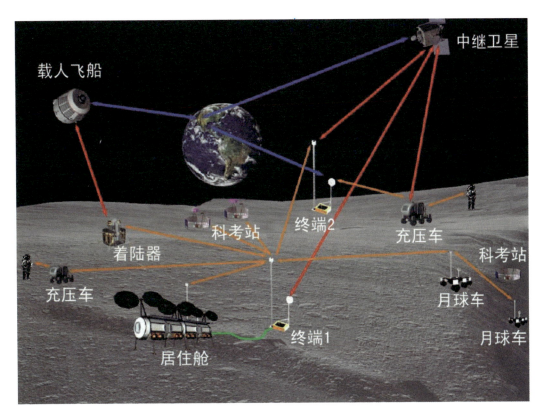

▲ 月球基地的通信系统

 # 高级月球基地

▶ 高级月球基地的主要形式

月球基地在建设的初级阶段，解决的主要问题是住、行、吃、喝、拉、撒、睡等基本问题，且主要的补给依靠地球提供。基地的规模也比较小，基础设施大都是临时性的，分布也比较零散。航天员在基地可以开展的科学探索活动有限，就地资源的开发利用还属于小规模的试验阶段。

高级月球基地则是永久性的基地，主要特征是规模宏大、功能齐全。基地建设所需要的材料和设备，主要利用月球的资源生产制造。基地的基础设施相对集中，在月面上形成一个个月球村，这些月球村分布在全月面的各个角落，每个月球村都具有封闭循环的生态系统，日常生活所需要的物资主要通过月球就地资源开发利用解决；科学实验室规模大，技术先进，能从事多学科的科学试验活动；月球天文台已经具有相当大的规模，可在全波段实现空间天文观测；月面的运输系统已不是简单的月球车，而是建立起磁悬浮高速铁路网；地月间的来往有定期航班；月球旅游已不是亿万富翁的专利，每年到月球旅行的人数将达数万人；月球成为人类探索更远天体的基地和中转站。下面介绍一些高级月球基地的主要特点。

1 | 建在月球南极陨石坑中的大型基地

基地中不仅有完善的生活设施，还有通信设备、化学处理设备、生产车间等。在南极建立基地的优势是长年有光照。

2 | 月球村

居民很集中，村中有一些公用设施，如通信设施、物资存储设施以及公共文化体育设施等。

3 | 用特殊屏蔽材料建造的月球基地

▲ 建在月球南极陨石坑的大型基地

▲ 月球村

▲ 居民大院

▲ 用特殊屏蔽材料建造的月球基地

4 | 建在熔岩管内的基地

由于有厚重的月壤屏蔽，屏蔽性能好。

▲ 熔岩管内的基地

5 | 具有大面积植物种植的基地

种植了大面积植物，而且交通发达，具有多种建筑形式。

6 | 充分利用就地资源

月球基地建在南极陨石坑中，可充分利用陨石坑中的水和挥发物资源，生产火箭燃料；就近发射火箭；在圆丘形屋顶上循环流动的水可以屏蔽辐射。

▲ 具有大片植物的基地

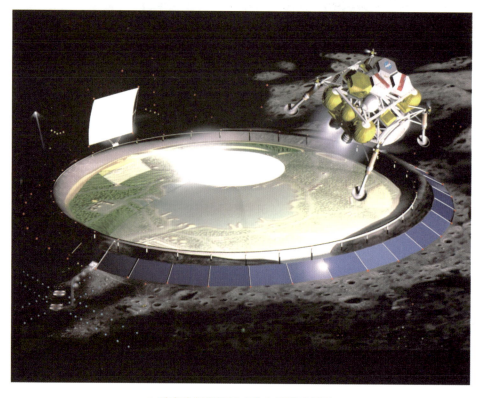

▲ 建在南极陨石坑内的大型月球基地

▶ 具有局部生态系统

人类在月球上长期生存遇到的一个重要挑战，是就地解决食物问题，这需要在月球上种植植物。根据国际空间站上的试验，只要有水和必要的营养，植物可以在微重力条件下生长。由此我们可以推断，1/6 重力环境不会是植物生长的障碍，关键还是水、空气、营养物质、阳光及合适的温度范围。

在月球上种植植物将经历以下过程：

1 | 月球微型温室

目前，人类已经掌握了利用微型温室在月球上种植开花蔬菜的技术，但需要在月球表面进行检验。目前选择了一种生命力极强的十字花科芸薹属植物的芥菜种子进行实验。在地球上这种植物从种植到开花只需要 14 天，而月球上的半天相当于地球上的 14 天，这就意味着这种植物在月球上经历一个夜晚就可以完成自己的生命循环。将这类种子带到月

▲ 原始型月球温室

球后，保持足够的光照时间，并注意防止强的辐射，人们可看到开花蔬菜在月球生长的情况，最终实现在月球上种植粮食作物。

2 | 改造月球土壤，使之适合植物生长

如果未来月球基地上的居民要享用新鲜的蔬菜和水果，当然不能仅依靠微型温室，必须利用微型温室所取得的成果在月球上建设超大规模的温室。但是，新的问题出现了，植物赖以生存的土壤和水从哪里来？月球上并没有适合植物生长的土壤和水。如果从地球上运输土壤和水，还不如直接运送食物更合算。

目前，许多国家的科学家正在加紧研究，希望能够改造月球土壤。研究人员发现，在月壤中加入不同细菌，可以让月壤得以改良，使得地球上的植物在

那里能茂盛地生长。月壤中存在多种矿物成分，包括铁、钙、镁、磷等元素，在那里生长的植物完全可以为月球移民的生存提供保障。而全封闭的月球基地如果能够种植植物，人类赖以生存的氧气也就随之出现了。

目前，这项研究还限于在地面进行。研究人员利用一种与月壤成分非常相似的钙长石土壤尝试种植郁金香。开始的时候，郁金香的长势不是很好，直到他们将不同种类的细菌加入到土壤中后，郁金香才变得茂盛起来。这些细菌似乎可以产生植物所需要的养分，比如钾元素。此外，细菌还能够忍耐一些极端环境，因此这是一种改造月壤，实现在月球上种菜的理想方式。这项研究若能在月球上展开，则更具有实用性。

下图的球形基地可以种植植物和饲养小动物，可供6~12人居住。分配到不同系统的容积是精心考虑的，最重的设备，如环境控制设备，乘员停留时间最长的区域，如睡眠室位于基地的最底部；月球样品分析、水液培养植物和小动物生长的区域位于中部。

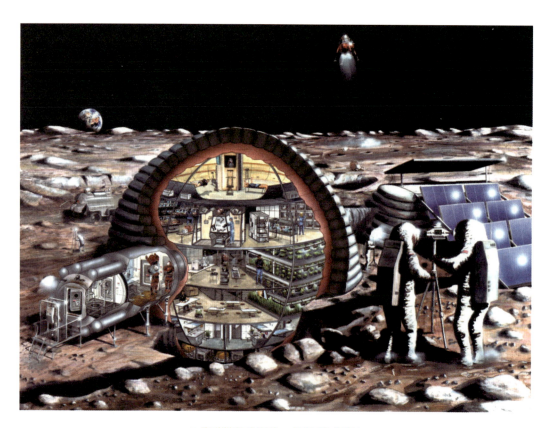

▲ 集种植和生活为一体的月球基地

3 | 建立大规模的植物工厂

在月壤的改造取得突破性的成果后，可以在月球各地建立较大规模的温室，并逐步建立大规模的植物工厂。植物工厂不仅满足航天员的食物需求，还可以改善月球局部环境，使生命保障系统的质量得到很大提高。到那时，月球基地将出现花草树木多处可见的景象。

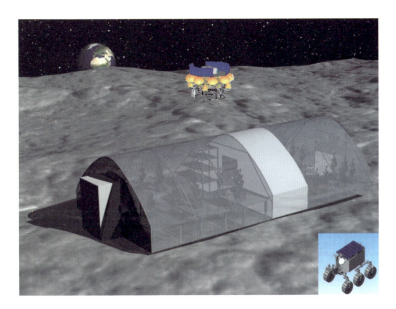

▲ 较大规模的月球温室

▶ 月球成为太空港

月球是距离地球最近的较大天体。如果我们将太空比作大海，月球就是离大陆最近的岛屿。为了探索浩瀚大海的秘密，将离大陆最近的岛屿作为中转站、技术验证基地、给养补充基地，是非常合适的。

因此，在月球基地进入高级阶段后，往返于地—月之间的航天器将明显增多，月球将成为名副其实的太空港。运载火箭发射场将遍布于月球表面的典型区域，如近边的中低纬地区和极区；远边的艾特肯盆地、中高纬的平坦地区等。

不仅地—月运输繁忙，进出月球的还有飞往其他天体的飞船。此外，为这些飞船提供推进剂和给养，也是月球太空港的重要任务之一。可以想象未来这个太空港繁忙的景象。

▲ 月面火箭发射场

▲ 货运飞船着陆

▶ 全球遍布科考站

　　建立月球基地的一个重要目的是对月球进行全方位科学考察，以破解包括月球在内的太阳系天体起源和演变的秘密。月球基地进入高级阶段后，将为科学考察创造极好的条件，使许多在过去无法开展的科考活动可以顺利进行。例如，科学家可以深入考察熔岩管内部的结构；对南极陨石坑底部的挥发物成分

进行深入的实地测量；对各类陨石坑形成年龄进行准确测量，然后给出陨石坑数目随年代的分布。

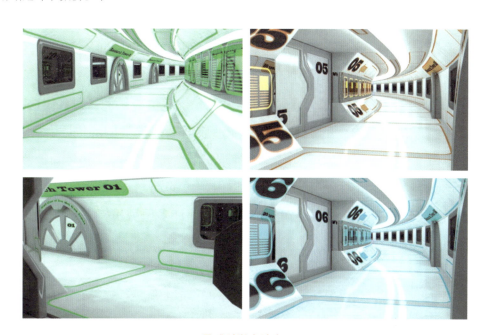

▲ 月球科学实验室

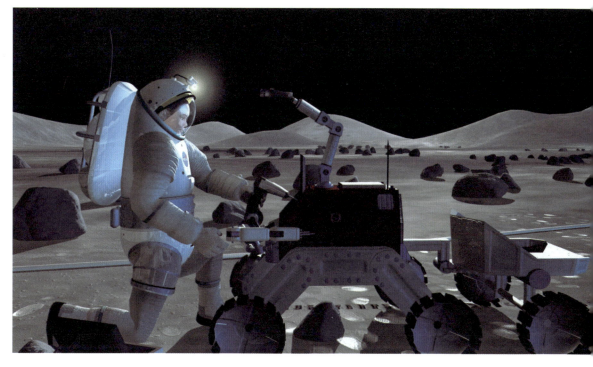

▲ 分析样品

▶ 便利的月面交通运输

1 | 月球车各具特色

　　从短途运输的角度看，月球车在月球基地建设的任何阶段都是重要的交通工具。随着基地建设的进展，对月球车将提出新的要求。例如，需要开展大规模的基础设施建设，要开采矿石，建设水源厂、氧气供应基地、食品供应基地，这就要求月球车具有更大的运载能力，能适应运输多种类型的物质，如月壤、矿石和机械部件；要求月球车能跨越小的陨石坑，能在较松软的月面行驶；还要求月球车具有更大的太阳电池，以便提供更大的动力。对于载人的月球车，还要求有完备的生命保障系统。根据这些要求，许多研究机构提出了未来月球车的设想。

▲ 带有通信设备的月球车

▲ 能飞的月球车

▲ 运送月壤的月球车

▲ 能自动铺路的月球车

▲ 封闭和露天两用的月球车

2 | 索道车极区运行

月球基地的高级阶段，近距离的运输主要依靠多功能的月球车。在一些特殊的地区，如南极地区，山高坑深，月球车无法通行。在这些地区将大量使用索道运输，这种方式既可以运送人员，也可以运送货物。由于月球的重力加速度只有地球的 1/6，因此对索道的强度要求比地球上要低。

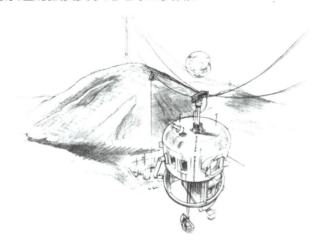

▲ 南极地区的索道

3 | 磁悬浮遍及全球

由于月球陨石坑的密度极大，这就给长途运输带来困难，月球车难以承担长途运输任务。在月球基地的高级阶段，月球表面将形成铁路网，而且使用磁悬浮列车。由于月球上没有空气阻力，磁悬浮的效率更高，速度将达到 1 千米 / 秒。

▲ 月球表面的磁悬浮列车

▲ 太阳同步火车

如果铁路线沿月球的圆周排列，则可以出现太阳同步列车的情况。在这种情况下，列车沿月球的圆周西向行驶，运动速度与月球自转速率相同，这样可以保持列车与太阳的照射角稳定。例如，如果在南纬85°，列车的速度为1.4千米/时，则太阳在列车上方以恒定的角照射；如果列车沿赤道西向运行，则要求车速为16千米/时。

太阳同步列车的一个应用是发展一种温室列车，这种列车常年受到阳光照射，有利于在列车上种植植物。

如果磁悬浮线路从南极沿着345°子午圈通向北极，对月球环境的破坏是最小的。因为这条线路的大部分地区是平坦的月海，又在月球的近边，如下图所示。

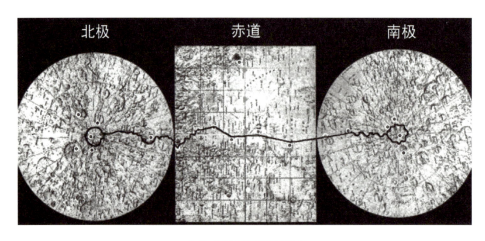

▲ 沿45°子午圈的铁路

4 | 特殊点轨道系绳

系绳的工作原理是能量守恒。如果在低月球轨道上的卫星通过一条长的系绳携带一个负载，则负载所获得的能量就是卫星和系绳系统所减少的能量。由于月球卫星的轨道比较低，又没有大气阻力和风的作用，因此用这种方法可将货物降落到准确的位置，特别是用其他运输方式难以到达的地点。

▲ 轨道系绳运送货物

 # 未来的月面旅游

▶ 观看月球的整体特征

月面旅游要经过离开地球、进入地月转移轨道、环绕月球和在月面着陆这些过程，因此可以进行全方位旅游。在离开地球时，可以由近渐远观看地球家园的全貌，从太空看这颗蓝色星球是什么样的。

在环绕月球运行期间，可以看到月球的全貌。由于月球围绕地球的公转周期和月球自转周期相等，在地球上只能看到月球的正面，背面是看不到的；但在环绕月球运行时，就可以把月球看个够。

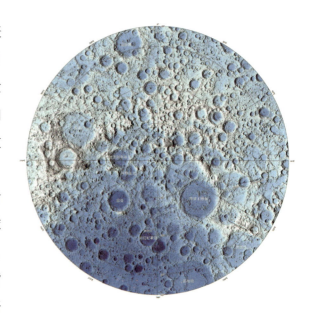

▲ 月球南极

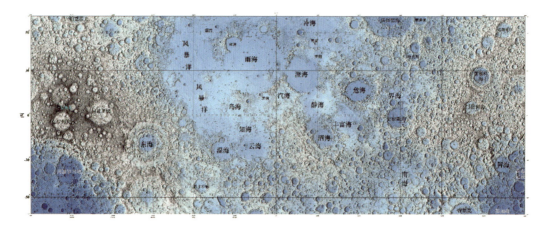

▲ 月球全图

▶ 考察月面的特殊风貌

月球的局地风貌也很有特点，通常人们只知道月球上有月海、山脉和陨石坑，实际上有特色的地貌种类是很多的，如盆地、峡谷、峭壁、月溪、月海、月湖、山脉以及各式各样的陨石坑。

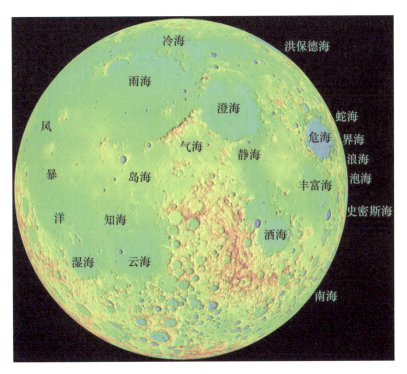

▲ 月海

▲ 直径 930 千米的东方盆地

▶ 追踪月面的人造物体

自从 1959 年 1 月 2 日苏联成功地发射了第一颗月球探测器以来，人类发射的各类月球探测器已经有 115 颗，其中有着陆器。此外，环绕月球运行的卫星在燃料耗尽后，也会选择撞击到月球上。到目前为止，人类留在月球上的物体超过 170 吨。如果来到月球表面旅游，参观这些着陆器以及着陆点附近的地形地貌，也是很有趣的事情。

▼ 月球人造物体列表

人造物体	影像	国家/组织	发射时间	质量（千克）	位置
月球2号		苏联	1959	390.2	北纬29.1°，西经0°
游骑兵4号		美国	1962	331	南纬12.9°，西经129.1°
游骑兵6号		美国	1964	381	北纬9.4°，东经21.5°
游骑兵7号		美国	1964	365.7	南纬10.6°，西经20.61°
月球5号		苏联	1965	1474	南纬1.6°，西经25°

续表

人造物体	影像	国家/组织	发射时间	质量（千克）	位置
月球7号		苏联	1965	1504	北纬9.8°，西经47.8°
月球8号		苏联	1965	1550	北纬9.6°，西经62°
游骑兵8号		美国	1965	367	北纬2.64°，东经24.77°
游骑兵9号		美国	1965	367	南纬12.79°，西经2.36°
月球9号		苏联	1966	1580	北纬7.13°，西经64.37°
月球10号		苏联	1966	1600	不明
月球11号		苏联	1966	1640	不明
月球12号		苏联	1966	1670	不明
月球13号		苏联	1966	1700	北纬18.87°，西经63.05°
测量员1号		美国	1966	270	南纬2.45°，西经43.22°
月球轨道器1号		美国	1966	386	北纬6.35°，东经160.72°
测量员2号		美国	1966	292	南纬4.0°，西经11.0°
月球轨道器2号		美国	1966	385	北纬2.9°，东经119.1°
月球轨道器3号		美国	1966	386	北纬14.6°，西经97.7°
测量员3号		美国	1967	281	南纬2.99°，西经23.34°
月球轨道器4号		美国	1967	386	不明
测量员4号		美国	1967	283	北纬0.45°，西经1.39°
探索者35		美国	1967	104.3	不明
月球轨道器5号		美国	1967	386	南纬2.8°，西经83.1°
测量员5号		美国	1967	281	北纬1.42°，东经23.2°

人造物体	影像	国家/组织	发射时间	质量（千克）	位置
测量员6号		美国	1967	282	北纬0.53°，西经1.4°
测量员7号		美国	1968	290	南纬40.86°，西经11.47°
月球14号		苏联	1968	1670	不明
阿波罗10号		美国	1969	2211	不明
月球15号		苏联	1969	2718	不明
阿波罗11号		美国	1969	2184	不明
阿波罗11号		美国	1969	2034	北纬0°40'26.69"，东经23°28'22.69"
阿波罗12号		美国	1969	2164	南纬3.94°，西经21.2°
阿波罗12号		美国	1969	2211	南纬2.99°，西经23.34°
月球16号		苏联	1970	小于5 727	南纬0.68°，东经56.3°
月球17号&月球车1号		苏联	1970	5600	北纬38.28°，西经35.0°
阿波罗13号		美国	1970	13454	南纬2.75°，西经27.86°
月球18号		苏联	1971	5600	北纬3.57°，东经56.5°
月球19号		苏联	1971	5600	不明
阿波罗14号		美国	1971	14016	南纬8.09°，西经26.02°
阿波罗14号		美国	1971	2132	南纬3.42°，西经29.67°
阿波罗14号		美国	1971	2144	南纬3°38'43.08"，西经17°28'16.90"
阿波罗15号		美国	1971	14036	南纬1.51°，西经17.48°
阿波罗15号		美国	1971	2132	北纬26.36°，东经0.25°
阿波罗15号		美国	1971	2809	北纬26°7'55.99"，东经3°38'1.90"
阿波罗15号		美国	1971	462	北纬26.08°，东经3.66°

续表

人造物体	影像	国家/组织	发射时间	质量（千克）	位置
阿波罗15号		美国	1971	36	不明
月球20号		苏联	1972	小于5727	北纬3.53°，东经56.55°
阿波罗16号		美国	1972	14002	北纬1.3°，西经23.9°
阿波罗16号		美国	1972	2138	不明
阿波罗16号		美国	1972	2765	南纬8°58'22.84"，东经15°30'0.68"
阿波罗16号		美国	1972	36	不明
阿波罗16号月球车		美国	1972	462	南纬8.97°，西经15.51°
阿波罗17号		美国	1972	13960	南纬4.21°，西经22.31°
阿波罗17号		美国	1972	2150	北纬19.96°，东经30.50°
阿波罗17号		美国	1972	2798	北纬20°11'26.88"，东经30°46'18.05"
阿波罗17号月球车		美国	1972	462	北纬20.17°，西经30.77°
月球21号&月球车2号		苏联	1973	4850	北纬25.85°，东经30.45°
探索者49		美国	1973	328	不明
月球22号		苏联	1974	4000	不明
月球23号		苏联	1974	5600	北纬12°，东经62°
月球24号		苏联	1976	小于5800	北纬12.75°，东经62.2°
飞天号轨道器		日本	1990	12	不明
飞天号		日本	1993	143	南纬34.3°，东经55.6°
月球探勘者		美国	1998	126	南纬87.7°，东经42.1°
智慧1号		欧洲空间局	2006	307	南纬34.24°，西经46.12°

人造物体	影像	国家/组织	发射时间	质量（千克）	位置
嫦娥1号			2007	2350	南纬1.5°，东经52.36°
月船撞击探测器		印度	2008	35	南纬89.9°，东经0.0°
月亮女神中继星（翁）		日本	2009	53	北纬28.2°，东经201.0°
月亮女神（辉夜姬）主轨道器		日本	2009	1984	南纬65.5°，东经80.4°
LCROSS 观测和传感卫星		美国	2009	700	南纬84.729°，西经49.36°
LCROSS 火箭		美国	2009	2270	南纬84.675°，西经48.725°
嫦娥3号和玉兔号月球车			2013	1200	北纬44.12°，西经19.51°
总共估计净质量（千克）				179996	

▶ 科学考察与观天测地

当月面旅游步入正轨后，月面的旅游设施也会相当完善，月球基地也会配备一些科学考察设备。普通老百姓在月面也可以进行一些基础性的科学考察活动，如简单的地质考察，观察陨石坑的形状、结构、大小和深度，不同区域的月壤深度，岩石分布，山脉的形状，与地球上的山脉有哪些异同。你还可以寻找特殊的岩石，如果运气好，说不定还可以捡到陨石呢。

还可以利用月球基地的设备，做些简单的观天测地活动。从月球看到的地球是什么样的？在月面能看到星星吗？做这些活动，需要充分发挥你的想象力。

▶ 低重力下的体育活动

在月球表面，重力加速度只有地球表面的六分之一。在这样的低重力环境下做些体育活动，肯定是很有趣的。

当然，这些活动只能在月球基地内部进行，因为在基地外，穿着笨重的航天服是无法做体育活动的。可以进行的体育活动包括跑步、跳高、跳远，有点功底的年轻人还可以做体操。在月球上做运动，可以说真的是身轻如燕啊。

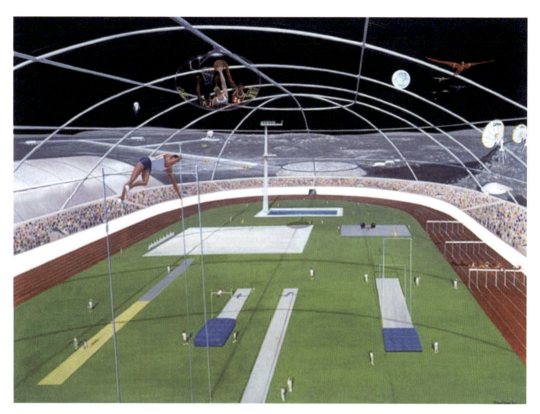

▲ 月球体育馆

知识总结

写一写你的收获